AF452014

LE MANUEL

DU CULTIVATEUR

DANS

LE VIGNOBLE D'ORLEANS.

A

SON ALTESSE SÉRÉNISSIME

MONSEIGNEUR

LE DUC D'ORLEANS,

PREMIER PRINCE DU SANG.

Monseigneur,

L'Agriculture & le Commerce font les principaux nerfs, qui foutiennent & qui font mouvoir le corps d'un Etat.

Tout ce qui peut contribuer à les perfec-
tionner a toujours été favorisé par les
Princes jaloux de leur propre gloire
& du bonheur des Peuples. C'est delà
que j'ai présumé, MONSEIGNEUR,
que les sentiments généreux, que vous
avez puisé dans le Sang auguste de tant
de Princes & de Rois, pourroient porter
VOTRE ALTESSE SÉRÉNISSIME *à*
agréer un Ouvrage rélatif à ces objets
intéressants. Ils le sont particulièrement
pour la principale Ville de votre
Appanage ; & comme elle ne cesse d'é-
prouver votre protection & vos bienfaits,
j'ose espérer, MONSEIGNEUR, *que*

LE MANUEL

DU CULTIVATEUR

DANS

LE VIGNOBLE D'ORLEANS,

UTILE

A TOUS LES AUTRES VIGNOBLES

DU ROYAUME,

DÉDIÉ

A SON ALTESSE SÉRÉNISSIME MONSEIGNEUR
LE DUC D'ORLEANS.

A ORLEANS,

Chez Charles Jacob, Imprimeur-Libraire,
rue & vis-à-vis faint Sauveur.

M D C C L X X.

Avec Approbation & Privilége du Roy.

vous ne dédaignerés pas ce foible témoignage, que j'ai l'honneur de vous offrir, de l'entier dévoüement, & du profond respect avec lesquels je suis,

MONSEIGNEUR,

DE VOTRE ALTESSE SÉRÉNISSIME,

Le très-humble &
très-obéiſſant Serviteur,
COLAS,
Prévôt de Tillsy & Chanoine de l'Église Royale de ſaint Agnan d'Orleans.

PRÉFACE.

A Culture de la Vigne
est, dans L'Orléanois,
une des branches les plus importantes d'Agriculture, par l'étendüe
de son Vignoble, & la qualité de
ses Vins. Outre que ceux-ci fournis-
sent à l'aprovisionnement du Pays-
même, ils sont encore recherchés,
non seulement pour Paris, & pour
quèlques Provinces du Royaume,
telles que la Normandie, la Picardie
& la Flandre, mais encore pour quelques Etats du Nord; ce qui en fait

un objet confidérable de commerce,
Tout ce qui peut contribuer à perfectionner cette Culture doit donc
être regardé comme important pour
le Public ; & il l'eft plus particulièrement pour les Cultivateurs, qui en
font tous les frais, & qui en courrent
tous les rifques.

Il eft peu de Perfonnes aifées,
furtout dans les Villes commerçantes,
qui n'ambitionnent de poſséder une
Maiſon à la Campagne, pour s'y dé-
laffer quelquefois des travaux de la
Ville, y procurer à leur Famille une
récréation honnête, & à eux-mêmes
l'agrément d'y recevoir leurs amis.
Le Vignoble, dont ORLEANS eft

environné de toutes parts, présente,
à cet égard, une facilité, qui sert
d'une nouvelle amorce, tant par la
multitude de celles dont il est comme
semé, que par leur proximité, qui
ne demande communément, pour s'y
rendre, qu'une simple Promenade.
Quatre à cinq Arpents de vignes suf-
fisant pour occuper un Vigneron;
ces Maisons s'y trouvent tellement
multipliées, qu'on peut dire, sans
exagérer, que toutes rassemblées &
distribuées avec ordre, elles forme-
roient une Ville considérable, soit par
le nombre, soit par l'agrément & la
commodité des Bâtiments. D'où il suit
qu'il est facile de s'en procurer quelqu'une plus ou moins proprement bâ-

tie , plus ou moins ornée de Jardins
& de Bofquets , proportionnément à
fon goût & à fes facultés.

LA raifon veut , fans doute , qu'on
s'efforce de joindre , en pareil cas ,
l'utile à l'agréable. Outre l'intérêt
qu'on doit naturellement attendre des
fommes qu'on employe dans une ac-
quifition , la Culture des vignes oblige encore , tous les ans , à des avan-
ces confidérables , qu'on n'eft pas , à
beaucoup près , affuré de retirer , chaque année , par leur produit , à caufe
des divers accidents , furtout de la gelée & de la coulure , auxquelles elles
font particulièrement fujettes. Il feroit
donc d'une imprudence inexcufable
de négliger de s'inftruire de la manière

de les cultiver , pour pouvoir les pof-
féder avec quelque avantage. Pré-
tendre y parvenir par fa propre expérience , ce feroit vouloir tenir une
route longue & périlleufe. Il eft bien
plus court & plus sûr de profiter
d'abord de l'expérience & des refléxions d'autrui , pour les perfectionner
enfuite , s'il y a lieu , par les fiennes
propres.

L'INSTRUCTION la plus con-
nüe fur cette Matière eft celle du Sr
Boullay. Le fond de fon Ouvrage eft
certainement eftimable en lui-même.
Mais fon ftyle trop diffus , fes digref-
fions longues & fréquentes , fes invec-
tives aigres & continuelles contre les
Vignerons , rébutent , à chaque pas ,

le Lecteur, & lui font perdre de vüe l'objet fur lequel il cherche à s'inftruire. Le reméde à ces défauts feroit donc de donner au Public un Ouvrage plus concis & plus exactément renfermé dans les bornes de fa matière. C'eft ce qu'on s'eft propofé dans celui-ci, & fon Titre de *MANUEL* l'annonce par lui-même.

COMME les travaux néceffaires à la Culture de la Vigne fe fuccedent continuellement, pendant le cours prefque entier de l'année, l'attention du Propriétaire doit être également continuelle, pour veiller à ce que ces travaux fe faffent d'une manière utile, & dans les tems favorables. Car il en eft des Vignerons comme de tout autre Domeſtique. Leur témoigner une confiance aveugle , c'eſt les conduire preſque infailliblement à la négligence & à l'infidélité : comme, d'autre part, une défiance outrée ne ſert communément qu'à aiguiſer leur induſtrie , pour couvrir les moyens que quelques-uns employent à tromper. Un coup d'œil éclairé , jetté à propos ſur leur ouvrage & ſur leur conduite , eſt le plus ſûr moyen de les engager à ne pas s'écarter de leur devoir envers un Maître, qu'ils ont intérêt de contenter.

LA Méthode naturelle de traiter de la Culture de la Vigne , eſt d'expoſer d'abord ce qui en concerne la Plantation , & d'en indiquer enſuite

les travaux, dans le même ordre qu'ils
se font successivément jusqu'à la Vendange, qui en est le but, comme elle
en est le fruit & la récompense. On
les divise en grosses & menues façons.
Les premières sont le Parage, la
Taille & les Labours; les autres sont
le Liage, l'Ebourgeonnement, &c.
Après quoi, il ne reste plus que quelques refléxions à ajoûter sur la Manière de faire le Vin, de le gouverner,
& de le vendre avec avantage. Tel
est aussi le Plan qu'on s'est tracé, &
qu'on a suivi.

AVIS PRÉLIMINAIRES
AUX CULTIVATEURS.

LA première attention du Propriétaire doit être de se procurer, autant qu'il est possible, un Vigneron, qui ait toutes les qualités propres de son état.

LES plus essentielles sont 1°. La science de son art. 2°. La force pour l'exercer. 3°. La probité pour le faire fidélement. 4°. La docilité pour exécuter les ordres de son Maitre, & lui porter le respect qu'il lui doit.

CEUX qui ont été élevés par des Peres qui travailloient à leurs propres vignes font d'ordinaire les mieux instruits. Car un Vigneron employe toute son industrie, quand il travaille pour lui-même. D'ailleurs, un Pere ne cache pas à son Fils les secrets de son art, & en le faisant travailler sous ses yeux, ne manque pas de lui rendre compte des raisons qui dirigent son travail.

ON ne doit prendre qu'avec précaution le fils d'un Vigneron, qui travailloit pour un Maître, & qui n'avoit pas la réputation d'être honnête homme, à moins que le fils ne s'en soit fait par lui-même une plus avantageuse. Car il est à craindre, qu'ayant été instruit par son Pere de toutes les ruses, dont les mauvais Vignerons se servent pour tromper, il n'ait pris, en travaillant sous lui, l'habitude de les pratiquer.

ON peut connoître la force d'un Vigneron à son port & à sa taille ; mais plus sûrement à le voir en ouvrage dans les labours, quand il travaille, avec quelque continuité, sans paroître ni essoufflé, ni fatigué.

LA probité est la qualité la plus essentielle en tout état. Elle seule gagne la confiance, & procure du travail à un Ouvrier. Elle est surtout nécessaire à un Vigneron, & pour son Maître, & pour lui-même. Pour son Maître, parce qu'il a plus d'occasion de le tromper, lors qu'il n'est pas suffisamment instruit, pour juger de son ouvrage. Pour lui-même, parce qu'il s'expose à être congedié, & à ne plus trouver d'autre Maître à servir, quand le premier l'a renvoyé, pour défaut de probité.

On demande, s'il est avantageux, ou non, qu'un Vigneron ait à cultiver des vignes pour lui-même, outre celles de son Maître.

PLUSIEURS penſent qu'il eſt plus avantageux qu'il n'ait à cultiver que les vignes de ſon Maître, parce que s'il en a en propre, ou à ferme, il eſt à préſumer qu'il les cultivera préférablement, & prendra pour lui les plus beaux jours & les plus favorables au travail.

D'AUTRES penſent, au contraire, que s'il n'a point de vignes à lui, dans la crainte que ce qu'il reçoit de ſon Maître, ne ſuffiſe pas pour ſa ſubſiſtance, & celle de ſa famille, il fera également tenté de négliger les vignes de ſon Maître, pour aller, à ſon inſçû, travailler ailleurs à la journée, & que l'inconvenient eſt le même, à peu près de part & d'autre.

POUR concilier, en quelque sorte, ces deux opinions, on pourroit dire, qu'un

Vigneron, qui a quelques Vignes à lui, outre celles de son Maitre, étant suffisamment occupé de ces deux ouvrages, y sera assidu, & ne sera pas dans le cas d'en chercher d'autre ; que d'ailleurs, ce qu'il recueillera par lui-même, se reünissant à ce qu'il recevra de son Maitre, il sera plus en état de subsister, par conséquent moins tenté de lui faire tort ; & qu'il lui sera moins à charge dans des années facheuses, où l'humanité ne permet pas de se refuser à le soulager.

La plûpart des Propriétaires, en prenant un Vigneron à leur service, ne font point avec lui d'autre marché, que de convenir verbalement de la somme qu'ils lui donneront, pour la culture de chaque Arpent de vignes ; les obligations d'un Vigneron étant notoirement connues. Ceux qui voudroient les passer en régle & par écrit , peuvent en trouver chez les Notaires de propres à leur servir de modéles.

LES payements ne sont dûs à un Vigneron , qu'à proportion de l'ouvrage qu'il a fait , ainsi qu'à tout ouvrier. Pour éviter toute discussion , la meilleure manière est de partager , en douze portions egales , la totalité de ce qui lui est dû pour le travail de l'année entière , & de lui en payer une , chaque mois.

LA manière de se conduire avec son Vigneron n'est pas différente de celle que la raison & l'humanité prescrivent envers tout domestique. Les traiter avec bonté , sans familiarité ; leur témoigner par quelque gratification placée à propos , sa satisfaction , lorsqu'on a lieu d'être content de leurs services ; les congédier lorsqu'ils mécontentent, & que par les avis & les réprimandes on ne peut réussir à les réformer.

Lorsqu'un Maître est justement mécontent du travail de son Vigneron, il peut demander en Justice que l'ouvrage soit visité par des Experts, & recommencé par un autre, aux dépens de celui qui l'a mal fait.

Comme chaque Propriétaire loge communément son Vigneron ; quand il en change, l'usage est que celui qui doit entrer trouve le logis évacué par celui qui sort, le lendemain de la Toussaints, à midi, pour le plutard.

C'est ordinairement peu avant la vendange qu'on avertit le Vigneron qu'on veut congédier, & l'usage est que celui qui doit entrer à sa place,

faſſe conjointement avec lui le travail
de la vendange.

Un Maître mécontent de ſon Vigneron eſt en droit de le congédier,
non ſeulement à la fin de chaque année, mais même plutôt, & en quelque
tems que ce ſoit, s'il ſe trouvoit cou-
pable de quelque inſigne friponnerie,
ou qu'il manquât grièvement au reſpect
qu'il lui doit.

LE MANUEL

LE MANUEL
DU CULTIVATEUR
DANS LE VIGNOBLE D'ORLEANS.

PREMIERE PARTIE.

De la Plantation de la Vigne.

CHAPITRE PREMIER.

De la nature des différentes Terres, & du Plant qui leur convient.

SUIVANT l'axiome commun, toute terre ne produit pas toute efpéce de fruit. Il faut donc connoître celui qui convient à chacune, fi l'on veut voir fructifier fes travaux. C'eft l'expérience feule qui peut fervir de guide en ce point ; & c'eft elle auffi qui a appris à connoître, dans chaque terroir, ce qui lui eft propre.

A

ON diſtingue dans toute eſpéce de terroir, 1°. La terre qui en eſt le deſſus. 2°. Le ſoulage ou fond qui eſt deſſous.

POUR qu'un terroir ſoit bon à la vigne, il faut, 1°. Que le ſoulage ne retienne pas l'eau, tel que ſeroit la glaiſe. Elle y périroit par trop d'humidité. 2°. Que ce ſoulage ſoit profond, c'eſt-à-dire, qu'il ſe trouve à deux ou trois pieds, au moins, au deſſous de la ſuperficie de la terre. Sans cela, la vigne n'y trouveroit pas ſuffiſamment à ſe nourrir. 3°. Qu'il ne ſoit pas aſſés dur, pour que la vigne ne puiſſe y piquer ſes plus fortes racines.

LES meilleurs terroirs ſont les terres fortes, qui ont le ſoulage profond, & plus encore, les terres franches qui ont pour ſoulage une terre forte. La vigne trouve dans l'un & dans l'autre toute la nourriture qu'on peut ſouhaiter. Elle y dure deux ou trois âges d'homme. Ils ſont d'ailleurs les plus propres pour l'Auvernat; & ce Cepage eſt celui qui donne le meilleur vin dans ce Vignoble.

LE Groiſon, qui eſt une terre meſlée de gros ſable, eſt bon auſſi pour l'Auvernat, ainſi que les groüettes d'une terre noire, ſur un fond plus ferme, à peu près de même qualité. Mais il dure peu dans l'un & dans l'autre.

DANS la plûpart des autres terroirs on peut planter du Fromenté-noir, autrement dit, *Meûnier*, parce que le deſſous de ſa feüille eſt garni d'un duvet blanc. C'eſt le meilleur Cepage après l'Auvernat, & communément il donne beaucoup de fruit.

ON plante encore du Fromenté - noir dans des terres, qui d'ailleurs ſeroient bonnes pour l'Auvernat, lorſqu'elles ſont ſituées dans des endroits bas & humides, ou proche des bois & des marécages. Il réſiſte mieux à la gelée & à la coulure, auxquelles ces ſituations ſont plus ſujettes.

LES vignes blanches ſe plantent plus communément dans des terres légeres ou ſablonneuſes. Elles y réuſſiſſent mieux, ayant moins beſoin d'une forte nourriture.

A ij

CHAPITRE SECOND.

De la manière de disposer la terre, pour y planter, ou replanter la Vigne.

SI la terre est neuve, il suffit de la labourer une fois profondément dans l'Été, d'ouvrir les rangs, quelques mois après, ce que les Vignerons appellent *râner*, & ensuite y planter la vigne, ou avant l'Hiver, ou au Printems, suivant la qualité du terroir.

SI la terre produisoit du bois, on pourroit, après avoir déterré & arraché toutes les souches, y planter de la vigne, dès la même année; étant, à son égard, regardée comme terre neuve. Mais il vaut mieux ne la planter que l'année suivante, pour achever de détruire, par de nouveaux labours, les racines qui auroient pû rester en terre, & qui pourroient nuire au Plant que l'on y mettroit.

SI la terre produisoit de la vigne, on la laisse reposer, au moins une, & quelquefois plusieurs années, avant de replanter. Il faut suivre, en ce point, l'usage que l'expérience a introduit dans les différents cantons du Vignoble, eû égard aux différentes natures des terres.

DANS les terres fortes qu'on ne laisse reposer qu'un an, on peut, pour ne les pas laisser totalement inutiles, y mettre des Pois, ou autres menus Grains, tels que Vesse ou Avoine, mais jamais ni Bled ni Orge, parce qu'ils épuisent la terre. Les autres, au contraire, l'adoucissent.

DANS les autres, qu'on laisse reposer jusqu'à trois & quatre ans, parce qu'elles sont plus foibles, on séme communément du Sainfoin, dans l'intervale de l'arrachis à la plantation.

DANS quelque terre que ce soit, avant que d'y planter de la vigne, il faut avoir soin de détruire les mauvaises herbes, & surtout le Chiendent.

LORSQU'ON veut replanter, il faut, en rânant, tourner les poüées d'un sens contraire à celui où étoient les vignes arrachées. Par là une partie des anciennes ornes se trouvent dans les nouvelles poüées. Ces

anciennes ornes peuvent fe regarder comme
des terres neuves ; les plus fortes racines
étant dans la poüée.

Il faut néanmoins obferver , 1°. Que
les poüées tirées du Nord au Midi font plus
avantageufes, parce qu'elles reçoivent mieux
les rayons du foleil. 2°. Que la difpofition
des poüées doit faciliter l'écoulement des
eaux , qui font périr la vigne , quand elles
y croupiffent. L'une de ces deux raifons
peut engager à replanter les vignes dans le
même fens où elles étoient.

On pourroit, en rânant, tenir l'orne &
la poüée un peu plus hautes, dans les endroits où elles étoient trop baffes, en y fai-
fant porter de la terre , pour les élever, fi
cela fe pouvoit commodément.

Quelque profond qu'on faffe le labour
pour replanter, il ne doit jamais pénétrer
jufques dans le foulage. Il faut bien fe garder
de le rompre , parce que , par fa fermeté ,
il empêche les eaux de pluye de fe diffiper
trop promptement , & d'ailleurs il n'eft pas
fi propre à nourrir la vigne.

CHAPITRE TROISIÈME.

De la largeur qu'on doit donner, en plan-
tant, aux poüées & aux ornes.

AVANT d'ouvrir les rangs, on commence par les deſſiner ſur la terre, pour
donner une figure uniforme aux ornes & aux
poüées, dans toute l'étendue du terrein, au
cas que le champ ſoit quarré.

TOUS les Ceps ou Pieds de vigne ſe
plantent ſur des lignes droites tirées au cordeau, à diſtance égale de l'un à l'autre, qui
eſt ordinairement de deux pieds trois pouces. Ce ſont ces lignes droites qu'on nomme communément *Rangs* ou *Silées*.

TOUS les rangs ou ſilées ſe tracent auſſi
à diſtance égale entr'eux, qui eſt ordinairement de deux pieds ſix pouces.

LES eſpaces alternatifs entre deux rangs
ou ſilées, ſe nomment l'un *la Poüée*, &
l'autre, *l'Orne.*

L'ORNE forme une eſpéce de ſentier,

entre deux filées , dans lequel le Vigneron fe place pour travailler , & qu'il parcourt en travaillant.

La Pouée eſt la terre à côté de l'orne , entre deux autres filées , ou rangs de Ceps , que le Vigneron manœuvre dans les labours.

La terre, où l'on veut planter, ayant été labourée à la bêche, doit fe trouver platte , & toute de même niveau.

On commence par deſſiner ou tracer fur cette terre, avec le cordeau, la place de chaque rang ou filée , fuivant les méſures ci-deſſus.

On fe fert d'un bâton de cinq pieds, coché dans fon milieu , pour fixer la largeur d'une orne & d'une pouée , tandis que le cordeau dirige leur longueur.

Pour eſpacer enfuite les Ceps , on prend d'ordinaire un charnier neuf. Il doit avoir quatre pieds & demi de long. Ainſi fa longueur donne la place de deux Ceps.

A ce moyen, on donne une figure uni-forme à toutes les ornes & pouées , au cas que le champ foit exactement quarré.

APRÈS que le champ a été régulièrement deffiné , comme les Ceps , que l'on veut planter doivent fe couder en dedans de la poüée , on ouvre , avec la bêche , l'efpace deftiné à devenir poüée , & on en rejette la terre fur l'efpace deftiné pour l'orne.

CETTE terre rejettée fur l'orne forme , par fon élevation , ce que les Vignerons appellent *les Chevaux* ou *Chevalets* , & elle fert à recouvrir les Plants de vigne , après qu'on les a plantés dans la poüée.

SI le champ n'eft pas exactement quarré , après avoir deffiné uniformément tout le terrein , qui en eft fufceptible , on employe le refte en poüées & ornes , moins larges par un bout que par l'autre ; d'où il arrive que le bout plus étroit n'a qu'une filée , ou rang de Ceps , au lieu de deux. Ce que les Vignerons appellent *des Ecoinçons.*

QUELQUES-UNS , pour éviter les Écoinçons , qu'ils difent être défagréables à la vüe , font toutes les poüées garnies de deux filées , mais toutes plus groffes , & les ornes plus larges , par un bout que par l'autre. C'eft tomber dans le même inconvenient par un autre chemin ; ce défaut fe remarquant à la vüe , comme l'autre.

OUTRE cela, les bouts trop gros sont difficiles à bien labourer, & les autres fournissant moins de nourriture à la vigne, elle y déperira plutôt, tandis qu'elle se soutiendra de l'autre bout.

L'EXPÉRIENCE a appris que les vignes ainsi plantées dans de bonnes terres s'y soutiennent bien & longuement, y trouvant suffisamment de nourriture, & les viettes, ou longs brins, s'étendant suffisamment sur la poüée, jusqu'au charnisson qu'on pique au milieu, pour les soutenir.

QUAND on donne plus de cinq pieds à l'orne & à la poüée, 1°. La terre n'est pas suffisamment occupée. 2°. Les poüées trop grosses ne se manœuvrent pas si facilement, & par là sont plus sujettes à être mal labourées.

SI, au contraire, on donne moins de cinq pieds, les racines trop pressées se nuisent, & la vigne en souffre ; elle fructifie moins & périt plutôt, outre que les viettes ne pouvant s'étendre assés, on est contraint de les tailler plus courtes, & elles portent moins de fruit.

DANS les terres foibles, où on est obligé

de renouveller la vigne tous les vingt-cinq ou trente ans, il suffit de donner quatre pieds & demi de largeur à l'orne & à la poüée, & de laisser vingt pouces de distance entre les Ceps. Les racines, en ce peu de tems, ne se multiplient pas & ne grossissent pas assés pour se nuire les unes aux autres.

LE s Paillots sont composés de la valeur de deux poüées, qui font quatre silées, ou rangs de Ceps. On les fait dans des terres brûlantes, pour y arrêter l'eau, & fournir plus de nourriture aux Ceps. Le Paillot, avec son orne, doit avoir neuf pieds de large, & les Ceps vingt pouces de distance de l'un à l'autre.

CHAPITRE QUATRIÈME.

Du Plant de la Vigne.

ON doit regarder cet objet comme le plus important dans la culture de la vigne, & qui demande le plus d'attention. Car il est certain que le plus grand dommage qu'un Vigneron puisse causer à son Maitre, est d'abuser de sa confiance, pour lui donner de mauvais Plant. Il occupe la terre pendant cinq à six ans, avant qu'on puisse être assuré qu'on y a été trompé. D'où il arrive, qu'on est forcé d'arracher pour replanter de nouveau, & alors ce sont dix à douze années de perdües, pour les frais de culture, par le défaut de récolte, ou si l'on n'arrache pas, on a toujours une vigne infructueuse au lieu d'une fertile, que l'on devroit avoir.

ARTICLE PREMIER.

Du choix du Plant.

LE meilleur Plant est celui qui se leve sur un Cep, qui porte de beau fruit, & abondamment.

LE Plant ne fe leve que dans les jeunes vignes & fur le bois de l'année.

LE plus sûr eft celui qu'on prend fur une vigne qui n'eft ni trop jeune, ni trop fumée, & qui porte de beau fruit. Car alors la beauté du fruit ne peut venir que de la bonté du Cep ; au lieu qu'une jeune vigne bien fumée peut ne le produire tel, que par la force des engrais & de fa jeuneffe.

UNE année, où la vendange eft médiocre, eft la meilleure pour connoître la bonté de la vigne. Car alors la mauvaife vigne n'a que peu de fruit & mal conditionné. La bonne vigne, au contraire, n'en produit que de beau & en plus grande quantité.

POUR fe rendre plus certain d'avoir de bon Plant, on peut, huit ou quinze jours avant la vendange, parcourir la vigne d'où on le veut tirer, & marquer tous les Ceps, dont le fruit paroit beau.

IL eft tems encore de la parcourir après la vendange. Pour lors ou examine les queües de raifin qui reftent encore au bois. Si elles font courtes, dures, épaiffes, c'eft une preuve que le fruit étoit gros & bien nourri, & par conséquent, que le Cep, qui l'a porté, est bon.

C'est encore une preuve de bonté dans le bois, lorsque les nœuds sont ronds, peu éloignés l'un de l'autre, & les martinets peu entortillés.

Comme, dans un bon Cep, tous les brins ne sont pas également bons, on en connoit la différence par les signes que l'on vient d'indiquer.

Le plus gros bois n'est pas toujours le meilleur, s'il ne porte pas ces signes. Il faut même se défier de ces brins gros & longs, qui ressemblent aux branches gourmandes des arbres fruitiers. Ils sont sujets à donner plus de bois que de fruit. On les reconnoit principalement à leurs nœuds, qui sont plats, & fort distants les uns des autres.

Ainsi il faut choisir dans une vigne les meilleurs Ceps, & dans chaque Cep les meilleurs brins.

On observe de lever le Plant dans une terre moins bonne que celle où il doit être planté. Étant déjà bon par lui-même, il y viendra mieux. Il n'y a point de risque à le planter dans une terre femblable à celle qui l'a produit. Mais il feroit dangereux de le mettre dans une autre moins bonne. Y étant moins bien nourri, il pourroit dégénerer.

ARTICLE SECOND.

Du tems & de la manière de lever le Plant.

LE tems propre à lever le Plant, eft après que le charnier a été arraché, que toutes les feüilles de la vigne font tombées & la féve defcendue, c'eft-à-dire, vers la fin de Novembre.

LORSQUE l'on veut lever le Plant, il ne faut pas qu'il y ait apparence de gelée. Elle pourroit gâter la playe que l'on fait à la vigne, en le levant, fi cette playe n'avoit pas le tems de fécher, avant qu'il gelât.

ON peut encore abfolument lever du Plant, après que les gelées font paffées, & avant que la féve commence à monter, c'eft-à-dire, en Février. Mais le plus fûr eft de le lever dans le tems qui vient d'être le premier indiqué.

LE Plant le plus éloigné de fa fouche,

eſt le meilleur ; il doit ſe lever ſur les mou-
chets de l'année.

I L faut que le Plant qu'on leve, n'ait
point de champelure, parce que le bois eſt
fort tendre à l'endroit où il en eſt attaqué.
D'où il arrive qu'il ſe pourrit ou ſe gele
pendant l'Hiver.

L A champelure d'Été eſt occaſionnée
par le défaut de chaleur, parce que le brin
a été trop ſerré en accollant, ou parce qu'il
s'eſt trouvé trop enveloppé de feüilles. Elle
eſt encore cauſée par des pluyes froides,
ou par des coups de grêle.

L A champelure d'Hiver vient de la gelée
blanche, ou du givre attaché au bois, &
fondu par le ſoleil. Il brûle le bois, & fait
avorter les coſſons ſur leſquels il s'eſt fondu.

E N levant chaque brin de Plant, il faut
le nettoïer des druges & des martinets.

A U S S I - T O T qu'il eſt nettoïé, on doit
piquer en terre la playe de chaque brin ; &
les reprendre enſuite pour les étouffer tous
enſemble. Autrement le Plant s'éventeroit.

I L y a deux manières d'étouffer le Plant.
1º,

1°. On le met en terre, de forte que le bout de chaque brin, & même quelques coffons, reftent expofés à l'air, jufqu'à ce qu'on le tire de terre, pour le planter. Ce qui eft plutôt l'enterrer que l'étouffer. 2°. On le couche en terre, & on le couvre de façon qu'il n'en paroit aucune partie. Ce qui eft plus proprement l'étouffer, puifqu'il né prend l'air par aucun endroit.

Il vaut mieux étouffer le Plant levé en Automne, pour être planté au Printems, que de l'enterrer fimplement. Alors il né peut être endommagé ni par la gelée, ni par la champelure, & il conferve mieux fa féve.

Article Troisième.

Du Plant-Chevoli.

Le Chevoli eft une efpéce de Plant, qui, après avoir été levé à l'ordinaire, eft mis en terre; mais que l'on n'en tire qu'a- près deux ou trois ans, pour le planter. Pendant ce tems, il pouffe de petites racines, qui lui ont fait donner le nom de Chevoli, parce qu'elles font fines comme des cheveux.

Le Chevoli eft meilleur, mais auffi beau-

coup plus rare que le Plant ordinaire, &
par cette raison, ne peut guère être em-
ploïé qu'à entreplanter, c'eft-à-dire, à remplacer le Plant qui a manqué de prendre
dans fa première ou feconde année.

L e Plant, qu'on deftine à faire du Chevoli, ne doit pas être étouffé, mais feule-
ment enterré. On le met par rayons, &
il fait une efpéce de pépinière, d'où on en
tire, à méfure qu'on en a befoin. On choifit
d'abord les plus forts brins, pour donner
le tems aux autres de fe fortifier.

L a terre, où l'on met le Chevoli, doit
être, du moins auffi forte que celle où on
le deftine pour planter. Il faut furtout obferver qu'elle ne foit pas trop humide. Le
Plant y roüiroit, & ne feroit plus de racines,
fon écorce étant pourrie.

I l faut donner de tems à autre de petits
labours au Chevoli avec la ferföuette, pour
foulever la terre , & détruire les herbes
qui l'empêcheroient de profiter.

T o u t le Plant, qu'on peut tirer d'une
vigne, appartient au Propriétaire. Le Vigneron ne peut en vendre, fans fa permiffion.

Et il abuseroit de cette permission, si, pour vendre plus de Plant, il épuisoit de bon bois la vigne de son Maître.

Le Sarment même qui sort de la vigne, lorsqu'on la taille, appartient également au Propriétaire, le Vigneron étant payé pour cette façon, comme pour les autres. Si on le lui laisse, c'est par pure indulgence. Quelques Particuliers exigent même encore qu'on leur fournisse un certain nombre de javelles de ce Sarment.

CHAPITRE CINQUIÈME.

Du Tems & de la Manière de planter la Vigne.

DANS les terres fablonneufes, ou pleines de cailloux, dont le fond ne retient pas l'eau, comme à faint Mefmin, ou à Olivet, on peut planter & entreplanter, depuis que les feüilles font tombées, jufqu'au fort de l'Hiver, fans craindre que le Plant y roüiffe.

DANS les terres fortes qui retiennent l'eau, on ne doit planter qu'au mois de **Mai.** Il faut obferver alors, pour cela, que le tems foit moderé ; car s'il tomboit des pluyes froides & fréquentes, le Plant ne manqueroit pas de roüir ou chancir en terre ; & fi la chaleur étoit trop forte, il s'y échauderoit, c'eft-à-dire, que fon écorce fe brûleroit vers la fuperficie de la terre, & dans ces deux cas, il doit périr.

COMME les Groifons tiennent le milieu entre les terres fortes, qui retiennent l'eau,

& les cailloux, qui ne la retiennent pas, on y plante ordinairement dans le mois d'Avril ; cette forte de terre étant pour lors communément dans le jufte milieu entre les deux excès de fécherefle & d'humidité.

On doit mettre tout Plant de même efpéce dans chaque piéce de terre féparément. Sans cela, comme tout ne mûrit pas en même tems, chaque Cepage ayant fon tems de maturité plus prompt ou plus tardif, on eft obligé de vendanger à plufieurs fois, dans la même piéce : or c'eft s'abufer que de compter fur l'exactitude des vendangeufes à trier les raifins mûrs, pour laiffer ceux qui ne le font pas encore parfaitement. Ce choix les gêne trop. Elles le font toujours mal. D'où il arrive que le vin perd de fa qualité, & prend de la verdeur.

Quelqu'attention qu'un Vigneron puiffe avoir à lever fon Plant fur un feul Cepage, il s'y en mêle toujours d'étranger, tel que du Blanc ou du Fromenté-noir parmi l'Auvernat. Le parti le plus fûr, dès que l'on s'en apperçoit, eft de faire arracher ces Ceps meflés, & de les remplacer par des foffes,

LA meilleure manière de planter , & prefque généralement ufitée , eft de planter à rangs ouverts , & l'on n'en doit pas fouffrir d'autres. La plus mauvaife eft de planter avec une cheville de fer ou de bois. Le brin ne peut avoir l'embiaifement qui lui eft néceffaire , pour prendre fa nourriture dans le travers de la poüée , puifqu'il eft planté tout droit.

ON doit fe fervir de la bêche , pour planter , & non de la pioche ; parce que la pioche ne fait pas un trou affés large autour du Plant , pour qu'il puiffe trouver une terre meuble à y étendre fes racines.

QUAND on plante , il faut tenir le Plant dans quelque vaiffeau plein d'eau , & n'en tirer les brins , qu'à méfure qu'on les plante ; de crainte que la chaleur ne les defféche , & ne les empêche de prendre.

EN plantant , il faut couder le brin dans le travers de la poüée , & non le long de la filée. Toute la terre de la poüée ayant été remuée , ce brin y trouve de la nourriture pour tous fes coffons , des deux côtés également , au lieu qu'il n'en trouveroit que d'un côté , fi on le coudoit le long de la filée , à caufe de la dureté de l'orne.

LA playe du brin de Plant doit être coudée en l'abaissant vers le foulage.

QUAND le Plant est coudé, il faut le couvrir de bonne terre meuble & humide, & non de terre séche & en motte. On la foule ensuite avec les pieds, afin que la terre touche, de toutes parts, aux cossons, pour leur fournir de la nourriture.

IL faut qu'il se trouve un bon cosson, à la superficie de la terre, parce que c'est par celui-là que le brin doit commencer à pousser.

QUOIQUE chaque pouée ne soit composée que de deux silées, on en plante une troisième, à demi, sur le milieu de la pouée. Elle est destinée à suppléer les brins qui manquent à pousser dans les deux silées de l'orne, & fait un vrai Chevoli.

QUAND on plante dans un terrein sujet à la gelée, ou à la coulure, il faut mettre du Fromenté-noir dans les terres, qui d'ailleurs pourroient être bonnes pour l'Auvernat. Il y résiste mieux à ces deux accidents, surtout si on lui laisse peu de bois en le taillant.

CHAPITRE SIXIÈME.

Du Soin que l'on doit prendre des Plantes.

APRÈS que l'on a planté, si-tôt que les cossons commencent à grossir, il faut rogner le Plant. Il est facile alors de discerner les bons d'avec les mauvais, pour en laisser, au moins, un bon hors de terre. Si on négligeoit de rogner le Plant, l'effort qu'il feroit pour nourrir tous ses cossons, le feroit périr.

IL faut toujours qu'il se trouve un bon cosson à la superficie de la terre. Si celui qu'on y a laissé ne pousse pas, il faut déterrer doucement avec le doigt celui qui suit, pour l'exposer à l'air. Si l'on ne dégageoit pas ce cosson, le bois du Plant roüiroit en terre.

COMME la terre a besoin d'une fraicheur modérée pour les Plantes, il faut les arroser, pour les empêcher de périr par la sécheresse, lorsque la chaleur est violente & continuelle.

LORS même qu'on ne peut tarder à planter, parce que la saison est avancée, il faudroit arroser, dès en plantant, si la terre paroissoit séche & le tems disposé au hâle. Et si la chaleur continuoit, il faudroit l'arroser encore huit à dix jours après.

POUR arroser la Plante, on creuse la terre avec la bêche, sur la poüée, au dessus du brin, pour y faire une espéce d'entonnoir, dans lequel on verse, pour chaque brin, environ une pinte & demie d'eau.

LE brin que l'on arrose ne doit pas être découvert. On creuse la terre à moitié de sa distance.

POUR faciliter cette opération, on peut mettre un poinçon vuide au milieu de la piéce de Plante : on l'emplit continüement d'eau, & on la prend avec des vases qui contiennent à peu près trois chopines, ou pinte & demie, pour les verser sur chaque brin.

CETTE eau se prend dans les fosses les plus voisines, ou dans les puits même, suivant la commodité du lieu.

QUAND la terre a bû l'eau, il faut recombler l'entonnoir, pour que le soleil ne durciſſe pas la terre imbibée par l'arro-ſement.

Dans les terres fraîches & humides par elles-mêmes, il eſt inutile, & il ſeroit même dangereux d'arroſer les Plantes. On les fe-roit roüir par trop d'humidité. L'arroſement n'a lieu que dans les terres ſéches que l'on plante au Printems, & il y produit un effet certain.

On ne doit pas craindre la dépenſe né-ceſſaire pour cet ouvrage. On y gagne au moins une vendange de la Plante qu'on ſauve par cet arroſement. Outre que le Plant ne reprend jamais ſi bien, une ſeconde année, dans la même terre.

La Plante a beſoin de fréquents labours, pour tenir toujours la terre meuble & ſou-levée, afin qu'elle profite mieux des influen-ces de l'air.

La principale attention doit être à lui donner ces labours, lorſqu'on y voit croître des herbes. Elles la déſecheroient en lui dé-robant ſa nourriture.

Les Vignerons mettent dans leurs Plantes des légumes de toute espéce ; mais ils les cultivent avec tant de soin que la Plante en souffre peu : ou si elle en souffre, ils se comptent dédommagés par le profit qu'ils tirent de ces légumes. Comme on peut rarement compter sur une attention égale de leur part pour la Plante de leurs Maîtres, le moins qu'on peut y souffrir de légumes, est le mieux. Ils n'ont aucun droit d'y en mettre, sans la permission de leurs Maîtres.

Les légumes, que les Vignerons sont le plus curieux de mettre dans la Plante de leurs Maîtres, sont les choux. Or il est facile de remarquer que les Plantes qui se trouvent autour de ces choux, ou manquent absolument de pousser, ou ne poussent que très-foiblement, se trouvant couvertes & étouffées par les larges feüilles de celégume, ou dessechées par ses racines, qui absorbent toute l'humidité de la terre.

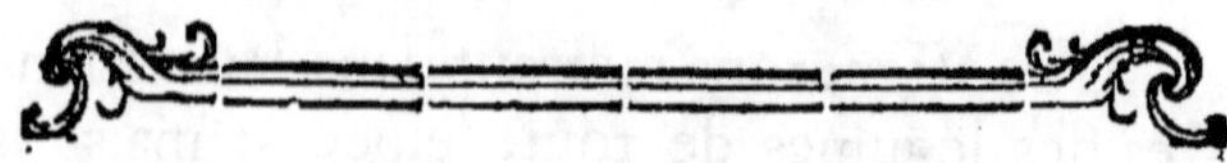

CHAPITRE SEPTIÈME.

De l'Arrachis de la Vigne.

LORSQU'UNE vigne est vieille , & qu'elle ne porte plus que peu de fruit & mal conditionné , malgré qu'elle soit d'ailleurs soigneusement cultivée , il faut l'arracher. Elle occupe pour lors inutilement la terre.

DANS les terres fortes , des vignes extrêmement vieilles portent encore quelquefois beaucoup de raisins , quoique moins gros & moins longs , que ceux des jeunes vignes. Dans ce cas , on peut encore les conserver. Le vin qu'elles donnent est le plus précieux. Si cependant elles se trouvoient considérablement dégarnies de Ceps morts de vieillesse , il ne faudroit plus alors balancer à les arracher. Autrement, ce seroit perdre trop de terrein inutilement.

DANS les terres légères , la vigne se trouve souvent épuisée après vingt-cinq ou trente ans ; & il est alors nécessaire de la renouveller.

LE tems d'arracher la vigne eſt après la vendange & avant l'Hiver, lorſque la terre eſt aſſés pénétrée d'eau, pour qu'on puiſſe tirer toutes ſes racines, ſans les rompre, du moins, les plus groſſes.

EN arrachant la vigne dans les terrès fortes, on leve ordinairement de groſſes mottes. Il faut les rompre afin que les ſels des neiges & des pluïes les pénétrent plus facilement.

ON laiſſe au Vigneron le bois de la vigne qu'il arrache, pour récompenſe de ſon travail. On ne lui en doit point d'autre pour cette eſpéce d'ouvrage.

QUAND on a arraché la vigne, on laiſſe repoſer la terre un an ou deux, & même plus, avant de replanter, & ce, ſuivant les différents uſages de chaque Païs; & ſuivant le même uſage, on y ſéme ou de menus Grains, ou du Sainfoin, pour ne pas laiſſer la terre totalement inutile à ſon Maître.

CHAPITRE HUITIÈME.

Des Foſſes & Sautelles.

DANS les meilleures vignes, il meurt toujours quelque Cep, de tems en tems. Il eſt important de remplacer ce vuide. Dans les Plantes, on y ſupplée par l'Entreplant, dans les jeunes vignes par les foſſes, dans les vieilles par les ſautelles.

L'ENTREPLANT n'a pas beſoin d'inſtruction particulière. La manière d'entreplanter n'eſt pas différente de celle de planter.

ARTICLE PREMIER.

Des Foſſes.

DANS les jeunes vignes qui commencent à prendre force, & où l'on pourroit craindre que l'Entreplant ne prît pas facilement, on remplit les vuides par des Foſſes. Foſſe ou Provin ſont termes ſinonimes.

FAIRE une Foſſe, c'eſt enterrer le Cep, de telle ſorte que la ſouche ne paroiſſe plus,

& que les brins reviennent par dessous terre dans les places que l'on veut remplir.

L'un de ces brins doit prendre la place de la souche même, qui a disparu. Les autres doivent remplir les vuides à droit & à gauche.

Pour bien faire une Fosse, il faut dé-chausser la souche de toutes parts. On la découvre d'abord avec la bêche. On creuse ensuite avec le croy pour ménager les racines. On plie la souche, pour l'enterrer sur le soulage. On coude les plus longs brins, pour les ramener aux vuides les plus éloignés de la place de la souche. On fait un anneau du plus jeune brin, comme étant le plus pliant. On tourne cet anneau sous la souche, & on l'enterre dans la poüée. La souche pourrit en terre, & le brin de l'anneau la remplace, comme les autres brins remplissent les vuides voisins.

Dans les terres qui ne retiennent pas l'eau, on peut faire les Fosses avant l'Hiver, si le bois est assés pliant ponr faire l'anneau. Dans les autres, le tems ordinaire est depuis le commencement de Mars, jusqu'à la fin d'Avril. Alors la terre est saine , le bois pliant, & les coſſons aſſés gros pour juger s'ils ſont bons. Les plutôt faites ſont les meilleures. Elles ont plus de tems pour faire des racines & ſe fortifier.

UNE Foſſe donne du fruit, dès l'année même qu'elle a été faite. Quand elle en a trop, il eſt bon de lui en ôter, pour ne la pas épuiſer.

UN Vigneron eſt tenu de faire, chaque année, cinquante Foſſes, par arpent, dans les vignes de ſon Maître.

EN labourant les Foſſes, l'année d'après qu'elles ont été faites, il faut les déchauſſer, pour couper les petites racines que les coſſons font à fleur de terre. Elles feroient tort aux maîtreſſes racines, qui doivent nourrir le Cep.

ARTICLE SECOND.

Des Sautelles.

FAIRE une Sautelle, c'eſt ſimplement courber ou couder en terre quelque brin d'un Cep, pour le conduire à la place vuide que l'on veut remplir, laiſſant, au reſte, le Cep même ſubſiſter en ſon entier.

LE

L E bois que l'on doit prendre pour faire une Sautelle, eſt une viette, ou long brin, qui ait déjà porté du fruit bien conditionné.

P o u r bien faire une Sautelle, il faut couder le brin, en demi cercle, vers le milieu de la poüée, & en faire revenir le bout dans la filée. Il faut en embiaiſer le bout profondément & juſqu'au ſoulage.

I l ne faut jamais coucher la Sautelle le long de la filée, ſans la courber auparavant dans la poüée. La terre de l'orne étant dure, elle ne feroit point de racines de ce côté-là, mais ſeulement du côté de la poüée, dont la terre eſt meuble, parce qu'elle a été ma-nœuvrée, & elle perdroit ainſi la moitié de ſa nourriture.

O n ne doit jamais porter une Sautelle, d'une filée à l'autre, au travers de l'orne. 1°. La terre de l'orne étant toujours dure, les racines de la Sautelle ne pourroient la piquer. 2°. Le chaud, le froid & la pluye ſe font plus ſentir dans l'orne que dans la poüée.

L e s meilleures Sautelles font celles qui traverſent la poüée, d'une filée à l'autre.

C

L'ANNÉE d'après qu'on a fait une Sautelle, il faut la couper, à demi, sur le vieux bois, du côté de la souche, pour commencer de la sévrer, & à la seconde ou troisième année, suivant sa force, on la sévre totalement, pour qu'elle n'épuise pas la souche, d'où elle sort.

IL faut enterrer profondément le bout qu'on a séparé de la souche, en sévrant la Sautelle.

IL faut les sévrer en parant, & avant l'Hiver. 1°· Afin que la playe ait le tems de sécher, & que la séve ne se perde pas au Printems. 2°· Afin qu'elle puisse faire des racines pendant l'Hiver.

QUAND on taille, au Printems, une Sautelle sévrée avant l'Hiver, il faut lui laisser peu de bois, pour ne la pas épuiser.

LE MANUEL
DU CULTIVATEUR
DANS LE VIGNOBLE D'ORLEANS.

SECONDE PARTIE.
De la Culture de la Vigne.

CHAPITRE PREMIER.
Du Parage.

LE Parage confiſte à prendre la terre dans l'orne, & la rejetter ſur la poüée, pour la groſſir & l'élever. Comme les plus fortes racines ſont dans la poüée, étant plus couvertes de terre, elles réſiſtent mieux aux gelées d'Hiver.

LE tems de parer la vigne, eſt peu après

les travaux de la vendange. Mais il faut que la terre ne soit pas trop séche, afin qu'on puisse la tirer aisément de l'orne, pour la mettre sur la poüée.

Dans les vignes que l'on veut fumer, avant l'Hiver, on commence par ouvrir la poüée, dont on abat les terres dans l'orne. On étend ensuite le fumier sur la poüée ainsi ouverte. On le recouvre de la terre rabatue dans l'orne. Après quoi l'on pare.

Pour bien parer, il faut tenir les poüées hautes & quarrées. 1°· La vigne, étant plus couverte de terre, résiste mieux aux gelées d'Hiver. 2°· La bonté du labour dépend du Parage, qui l'a précédé. Plus on a relevé de terre sur la poüée, en parant : plus on peut en rabattre dans l'orne, en labourant, & par conséquent faire un gueret plus profond. Ce qui influe également sur le second & troisième labour, comme il sera dit en son lieu.

Les Plantes doivent être parées avant les vignes, parce qu'étant, de bonne heure couvertes de terre, elles sont plus en état de résister aux premières gelées, qui viennent quelquefois en Automne.

Les poüées ne doivent pas être parées dans les Plantes, aufſi haut que dans les vignes, ſi ce n'eſt lorſqu'elles ont trois ans en terres fortes, & deux dans les terres douces.

Il ne faut pas parer, quand il a gelé blanc, à moins que la gelée ne ſoit fondue. Les racines de la vigne en ſouffriroient, ſi on enterroit la glace. Elle les gerçeroit.

En parant, il faut tourner ſans deſſus deſſous la terre que l'on prend dans l'orne, pour la mettre ſur la poüée. Les racines des herbes ainſi retournées meurent plus facilement, & font un petit fumier, qui eſt bon à la vigne.

D'ailleurs les terres ainſi retournées reçoivent, à leur tour, les influences de l'air, pour les communiquer aux racines de la vigne, lorſqu'en les labourant, on les retournera de nouveau.

En parant, il faut dégibler les Ceps, c'eſt-à-dire, les tenir nets de toute herbe qui en ſoit voiſine. Ces herbes engendrent la mouſſe ſur les Ceps, par leur humidité.

Pour que le Parage ſoit bien fait, il

faut que l'orne foit plus creufe au milieu ,
que le long des filées , pour y attirer l'eau ,
qui , en féjournant au pied des Ceps , feroit
périr la vigne.

TRAVAILLER à donner cette façon
à la vigne, c'eft , à parler exactement , la
parer. Car après ce travail , toutes les ornes
repréfentent autant d'allées d'un jardin proprement cultivé.

CHAPITRE SECOND.

Du Charnier ou Echalas.

AUSSITÔT que la vigne eſt parée, il en faut arracher le Charnier. Il n'y eſt plus néceſſaire, & ne feroit que pourrir en terre, par les pluyes abondantes de l'Hiver. En le tirant, on l'affiche, c'eſt-à-dire, qu'on l'a-pointit, quand la pointe en eſt pourrie ou émouſſée.

L'ANCIEN uſage étoit, en tirant le Charnier de terre, de le mettre debout en groſſes bauges, huit à l'arpent. Aujourd'hui les Vignerons le couchent ſur la poüée, traînant d'un bout dans l'orne, ce qui le pour-rit. La ſeule raiſon, qui leur a fait intro-duire ce nouvel uſage, n'eſt autre que la peine qu'ils avoient de le porter à la bauge, & de le rapporter enſuite, pour le piquer en terre. Les raiſons qu'ils alléguent, pour s'en diſpenſer, ne ſont que de faux prétextes.

LE meilleur Charnier eſt celui de futaie, ou de bonne moderne. Il doit être gros, quarré, droit, & fans aubour. Il doit avoir quatre pieds & demi de longueur. Le meilleur a un pouce d'équariffage.

Le Charnier de taillis eft le plus mauvais, étant fait d'un bois trop jeune, qui n'a pas eu le tems de prendre fa confiftance & fa dureté. Il eft aifé à reconnoître, en ce que la plûpart de fes bouts font menus & triangulaires, au lieu d'être gros & quarrés. Plufieurs même ont un côté rond dans toute fa longueur, & plein d'aubour, qui fe fait remarquer par fa blancheur.

La botte eft de cinquante brins; & ce qu'on appelle la douzaine, eft de vingt-cinq bottes.

Dans les vignes où l'on prend cinq pieds pour l'orne & la poüée, & deux pieds trois pouces de diftance d'un Cep à l'autre, il fe trouve dans un arpent quatre-vingt poüées, dont chacune a deux filées, chaque filée quarante-quatre Ceps; par conféquent quatre-vingt-huit par poüée; & en total, fept mille quarante Ceps.

L'arpent de terre eft fuppofé divifé en deux piéces, ou tranches, & coupé par un fentier de deux pieds de largeur entre les deux piéces. Il faut par conféquent cinq douzaines, quinze bottes, & quarante brins de Charnier par arpent, qui font fept mille quarante brins, que l'on met au pied des Ceps. Et cette quantité fuffit dans les vignes qui fe lient par anneaux.

S i l'on mettoit moins de diftance entre les Ceps, il faudroit, à proportion plus de Charnier, puifqu'il y auroit plus de Ceps. L'arpent, dans ce Vignoble, eft de cent perches quarrées; la perche de vingt pieds; le pied de douze pouces.

Dans les vignes qui fe lient par courgées, outre le Charnier qu'on met au pied de chaque Cep, il en faut encore d'autres fur la poüée, pour y attacher les viettes, ou longs brins, que l'on couche, en forme de berceau. Ce font des Charniers à demi ufés, autrement appellés *Charniſſons*, que l'on employe à cet ufage.

L e s Charniſſons, tant qu'ils ont un pied & demi de longueur, peuvent encore fervir fur la poüée.

L e tems d'encharneler une Plante, eſt

quand elle doit pouſſer ſon quatrième bourgeon. Comme tous les brins ne prennent
pas la première année, on ne met de grand
Charnier qu'à celles qui ont pris cette année-là, & non à l'Entreplant de la ſeconde
& troiſième année.

QUAND la vigne a été une fois garnie
de Charnier, l'uſage eſt d'en donner, chaque année, douze bottes par chaque arpent
de celles qui ſe lient par courgées, afin de
remplacer celui qui ſe trouve hors d'état de
ſervir, & ſix ou huit ſeulement pour celles
qui ſe lient par anneau, celles-ci n'ayant
pas de Charniſſons ſur la poüée, comme
les autres. Mais il eſt bien conſtant que les
Vignerons, même les plus aiſés, n'en mettent pas autant dans leurs vignes.

QUAND le Charnier eſt plus gros d'un
bout que de l'autre, c'eſt le gros bout qu'il
faut mettre en terre. Il y réſiſte mieux, &
eſt moins ſujet à ſe caſſer.

ON s'eſt plaint ſouvent que quelques
Vignerons ménageoient peu le Charnier de
leurs Maîtres, en faiſant des affiches ſans
beſoin, ou plus longues qu'il n'eſt de beſoin, en caſſant même des Charniers qui

pourroient encore fervir, ce qu'ils appellent *leur donner le coup de grace* ; & cela parce que les affiches leur reftent, & leur fervent de bois à brûler. Quelques-uns même ont été convaincus d'en avoir tranfporté dans leurs propres vignes, pour éviter la dépenfe d'en achéter. Ce qui eft un vol manifefte.

UN moyen sûr de ne pas donner plus de Charnier qu'il n'en eft de befoin, feroit d'obliger fon Vigneron à repréfenter tous les Charniffons en état de fervir, pour les remplacer par un nombre égal de Charniers neufs.

CHAPITRE TROISIÈME.

Des Engrais, qui font les Fumiers, les Terres neuves & les Marnes.

ARTICLE PREMIER.

De la Qualité du Fumier.

LA litière des vaches, dont fe fait le Fumier, doit être de chaulme, de paille ou de foin. Le jonc, la rouche, le bourgeon & furtout la bruyère n'y valent rien.

TOUTES ces dernières efpéces de litière, n'ayant point par elles-même de confiftance, fe maftiquent avec la fiente de l'animal, & ne peuvent s'enlever que par gros coupeaux, qui affaiffent la terre, & empêchent les pluyes, ainfi que les rayons du foleil, de la pénétrer.

LE Fumier de vache eft le meilleur pour la vigne, furtout pour les jeunes, & dans les terroirs brûlants, où il faut bien fe garder de mettre du Fumier de cheval. Il feroit ortier la vigne.

L E Fumier de cheval peut être bon pour les vieilles vignes, principalement dans les terroirs froids & humides. Il eſt plus chaud & moins gras que celui de vache.

L E Fumier des étables de Bouchers eſt bon. Il eſt néanmoins ſujet à être déterré par les corbeaux, à cauſe des inteſtins des animaux, qui s'y trouvent meſlés.

L E Fumier des auberges eſt temperé, étant compoſé de la fiente de toute eſpéce de bétail, que les Aubergiſtes reçoivent avec les chevaux. Il eſt plus chaud que froid, & doit être mis dans des terres plutôt froides que chaudes.

L E Fumier de pigeon, poule & autre volaille, eſt extrêmement chaud. Quand on en veut mettre dans la vigne, il faut que ce ſoit en terre froide, pour rétablir de vieilles vignes fatiguées, & l'on en met ſi peu, qu'on le ſéme, à peu près, comme le bled.

P O U R que le Fumier ſoit bon, la fiente doit dominer ſur la litière ; & la litière doit être bien pourrie.

I L ne faut pas cependant que le Fumier

ſoit trop conſommé. Car alors il a perdu ſa force. Sur ce point, comme ſur tout autre, il faut tenir le milieu.

IL n'eſt pas à craindre que les Vignerons fourniſſent du Fumier trop conſommé. Ils n'y trouveroient pas leur compte. Mais auſſi faut-il prendre garde que le chaulme ne ſoit encore entier, Car, dans ce cas, outre que le Fumier, n'étant pas conſommé, n'auroit pas acquis ſa force, ce chaulme le ſouleveroit dans la hotte, & elle en tiendroit trop peu.

IL ne doit y avoir de meſlé dans le Fumier ni terre, ni terreau, ni ſarment.

UNE vache ne peut faire que trois cens hottées, au plus, de bon Fumier, par an.

ARTICLE SECOND.

De l'Achat du Fumier.

ON achéte d'ordinaire, par préférence, le Fumier de ſon Vigneron. Outre que cette préférence lui eſt düe, on eſt plus à portée d'en connoître la qualité.

QUAND on achéte le Fumier de ſon

Vigneron, on ne lui doit rien pour le porter & l'enterrer dans la vigne.

QUAND on l'achéte d'un étranger, on doit l'achéter rendu & enterré dans la vigne, où on veut le mettre.

LA grandeur des hottes à livrer le Fumier devroit être fixée par les Ordonnances de Police. Elle ne l'est pas, & cela occasionne des différends entre le vendeur & l'achéteur. Il seroit important que les Propriétaires se réunissent, pour demander ce Réglement.

LA hottée de Fumier, pour être recevable, doit être foulée dans le fond par deux ou trois coups de la tête du croy, pour n'y pas laisser de vuide. Quand elle est pleine jusqu'au cordon, on doit encore mettre du Fumier dessus en piramide, & pour le recevoir, le Fumier doit déborder le cordon, dans son tour.

POUR que la justice soit exacte à cet égard, les Vignerons doivent livrer leur Fumier dans des hottes aussi grandes & aussi foulées, que quand ils en achétent pour eux-mêmes.

Quand le Fumier eſt porté dans la vigne, il faut, avant qu'on l'enterre, le compter ſoi-même, ou le faire compter par
une perſonne affidée. Il faut de plus en
bouleverſer quelques hottées, dans chaque
rang. Par-là, non ſeulement on s'aſſure de
ſa qualité, mais encore on ſe prémunit ſû-
rement contre pluſieurs ſortes de fraudes,
dont on a convaincu quelques Vignerons.

ARTICLE TROISIÈME.

*Du Tems propre à mettre le Fumier dans
la Vigne.*

Le tems le plus propre à mettre le Fumier dans la vigne eſt depuis la Touſſaints,
juſqu'avant le fort de l'Hiver. 1°. Il eſt
alors plus conſommé, ayant été amoncelé
depuis le Printems. 2°. La bonne nourriture, que les vaches prennent pendant l'Été
contribue encore à le rendre meilleur. 3°.
Il ſe diſſout, pour la plus grande partie,
pendant l'Hiver, & eſt en état de profiter
à la vigne, dès le Printems ſuivant.

On pourroit encore fumer vers le mois
de Mars, avant que la vigne commence à
travailler, par la ſéve, qui y monte : mais il
faut

faut qu'alors la terre soit saine , c'est-à-
dire , qu'il n'y ait dessus ni neige ni gelée ,
qu'on enterreroit avec le Fumier, & qui seroit préjudiciable aux racines. Il faut de plus
que les cossons ne commencent pas encore
à s'ouvrir; car une terre nouvellement fumée ou remüée attire la gelée sur la vigne.

Dans le reste de l'année , après le danger
des gelées passé , on pourroit encore absolu-
lument mettre du Fumier dans les vignes ,
du moins, dans celles qui se lient par anneaux. Mais il y auroit à craindre que la
chaleur ne le dessechât, & ne le rendit inutile. Quant à celles qui se lient par courgées,
quand une fois elles sont liées , on ne pourroit plus ni le placer, ni l'enterrer.

Il ne faut pas tarder d'enterrer le Fumier, après qu'il a été porté & compté.
Autrement, il se dessécheroit à l'air. Il faut,
pour l'enterrer, que la terre , soit humide
afin qu'elle puisse s'ouvrir aisément.

C'est dans la poüée & non dans l'orne
qu'il faut mettre le Fumier, puisqu'il est des-
tiné à nourrir les racines. Car les plus fortes
se trouvent sûrement dans la poüée, où le

brin a été coudé , en le plantant. Son fuc fe perd donc inutilement dans l'orne , & n'y peut fervir qu'à y faire croître de l'herbe.

L e Fumier doit être enterré profondé-ment , pour qu'il fe trouve plus près des racines. On le remüe en labourant. Mais on doit le recouvrir , pour ne pas le laiffer expofé à l'air. Il s'y defféche , & ne fert qu'à produire des herbes.

L e Fumier , pour l'ordinaire , n'eft rotalement confommé , que deux ans après qu'il a été enterré.

ARTICLE QUATRIÈME.

De la Quantité de Fumier , qu'il faut employer , en fumant la Vigne.

Q u o i q u e le Fumier foit bon à la vigne , les façons bien données , & en tems convenable , le font infiniment davantage.

C o m m e le Fumier diminue la qualité du vin , en même tems qu'il en augmente la quantité ; il faut éviter les deux excès , de fumer trop , ou trop peu.

I l fuffit dans de bonnes terres de fumer

un arpent dans son entier, en sept ou huit ans. Mais il faut fumer plus souvent les terres légères. Elles ont plus besoin de ce secours, pour produire bois & fruit.

L A vigne se fume d'abord, en la plantant, & ensuite, l'année d'après qu'elle a été encharnelée, c'est-à-dire, lorsqu'elle doit pousser son cinquième bourgeon.

Q u a n d on fume en plantant, on fume à la main, c'est-à-dire, qu'on couvre le brin de Plant de trois à quatre doigts de terre. On met ensuite une poignée de Fumier, que l'on recouvre de terre.

S e p t à huit cens hottées de Fumier suffisoient anciennement, pour fumer un arpent de vignes. Aujourd'hui à peine peut-on le garnir avec mille hottées. La grandeur des hottes dont les Vignerons se servent pour le livrer, diminuant tous les jours. Ce qui prouve la nécessité d'un Réglement de Police sur ce sujet.

D e u x à trois cens de Fumier doivent suffire pour planter un arpent.

L e s terres neuves mises dans la vigne, au lieu de Fumier, y durent bien plus long-tems. Elles n'engraiſſent pas , tant la terre ; mais elles donnent plus de qualité au vin , & éloignent les turcs.

L E S terres neuves doivent s'enterrer dans la poüée, comme le Fumier. Elles ne ſer-viroient qu'à produire de l'herbe, ſi on les mettoit ſimplement deſſus & non dedans.

L A Marne tirée des foſsès & des étangs eſt excellente pour la vigne. Mais comme elle eſt extrêmement froide , il faut , 1°· La laiſſer hiverner deux ans avant que de l'employer. 2°· Ne la mettre que dans des terreins chauds. 3°· En charger la poüée, plutôt que de l'enterrer. Sa froideur pour-roit nuire aux racines de la vigne , ſi l'on négligeoit ces précautions.

D E U X à trois mille hottées de terre ne ſont pas trop , pour garnir un arpent.

CHAPITRE QUATRIÈME.
De la Taille de la Vigne.

ARTICLE PREMIER.

Du Tems propre à tailler la Vigne.

DANS les Pays chauds, tels que la Provence, & autres semblables, on taille toutes les vignes avant l'Hiver ; & cette méthode y est très-sage, parce que, 1°· Les racines ayant moins de bois à nourrir pendant l'Hiver, donnent plus de force à celui qui reste. 2°· La playe ayant le tems de sécher, ne pleure pas, comme celle que l'on fait en taillant au Printems, & la vigne ne perd pas sa séve.

MAIS dans un Climat, tel que celui d'Orleans, cet usage seroit dangereux, parce que les gelées y étant souvent fortes, si la vigne étoit taillée avant l'Hiver, & que le bois laissé après la Taille se trouvât gelé, on n'auroit plus de ressource pour cette année. Au lieu que tous les brins n'étant pas toujours endommagés , même par un Hiver rigoureux , il peut encore en rester qui soient bons pour la Taille. Aussi l'usage est-il constant de ne tailler qu'après les gelées.

Le tems , le plus sûr pour tailler seroit en Mars , parce que , dans ce mois , il n'y a pas de gelées assés fortes , pour gâter le bois de la vigne. Mais un Vigneron se trouveroit trop surchargé d'ouvrage , & ne pourroit y suffire , le premier labour devant se commencer en ce tems-là. Et d'ailleurs , la vigne , étant plus avancée , perdroit trop de sa séve.

Le moindre dommage que la gelée puisse causer à une vigne récemment taillée , est de faire avorter le cosson le plus voisin de la playe , si elle n'a pas eu le tems de sécher , avant la gelée.

L'usage est de permettre de commencer à tailler à la saint Vincent (le vingt-deux de Janvier) lorsqu'il ne gele pas actuellement , & que le tems n'est pas disposé à la gelée.

L E tems le plus serein, est le plus propre pour la Taille de la vigne. La pluye & les autres injures de l'air distraient le Vigneron, dans cette sorte d'ouvrage, où l'esprit travaille plus que le corps. Et d'ailleurs la playe en séche plus promptement.

ARTICLE SECOND.

De la Manière de tailler la Vigne.

A V A N T de commencer à tailler un Cep, il faut examiner, s'il n'y a point, à côté, de place vacante, qui doive être garnie d'une Fosse ou d'une Sautelle, afin de laisser du bois pour cela, si le Cep en a suffisamment.

C E sont toujours les vieilles vignes qu'il faut tailler les premières, pour que la playe soit séche, lorsqu'elles commenceront à pousser, & que leur séve ne se perde pas par cette playe, devant être d'autant plus ménagée, qu'elle est moins abondante.

L E S Plantes doivent être traitées comme les vieilles Vignes, & taillées également de bonne heure. Comme elles n'ont que peu de séve, parce qu'elles n'ont que des racines foibles & menües, il ne faut pas les expofer à la perdre par une playe fraiche.

A v a n t de tailler les Plantes, il faut les déchauffer, pour couper de petites racines, qui fe forment au pied du Cep, & empêchent la Plante d'en pouffer dans l'embiaifement fous la poüée, où elles trouvent plus de nourriture. Ce point eft important.

L a Taille doit fe finir par les jeunes vignes. Comme leur féve eft abondante, ce qu'elles en perdront par les playes ne peut leur nuire , & leur procurera même cet avantage, que les coffons fe trouveront plus près les uns des autres, mieux formés & plus arrondis. Ce qui les rend plus propres à produire du fruit.

A u contraire, fi on les taille trop tôt, l'abondance & la force de la féve, ne donnant pas le tems aux coffons de fe former & de fe fixer, ils viennent plats & éloignés l'un de l'autre ; ce qui les rend ordinairement ftériles.

L e s vignes rouges doivent être taillées avant les blanches.

P o u r bien tailler la vigne, il faut fçavoir difcerner & la qualité & la quantité du bois qu'il faut laiffer.

QUANT à la quantité, on peut dire, en général, qu'une vigne plus chargée de bois produit plus de vin, mais auffi qu'elle s'épuife en peu de tems, parce qu'elle n'a pas affés de racines & de féve pour y fournir; qu'au contraire, fi on la décharge trop, elle produit trop de bois & de bourgeon, & par-là même, trop peu de raifins, parce que la trop grande quantité de bourgeons occupe la féve & fait avorter le fruit. Il faut donc s'en tenir à un jufte milieu.

POUR régler la quantité de bois qu'on doit laiffer à la vigne, en la taillant, il faut avoir égard à fon âge, à fa force, à la nature du terrein, à la manière dont elle eft fumée & façonnée, & enfin à la qualité du Cepage.

A une vigne jeune, en terre forte, bien fumée & bien façonnée, on doit laiffer, au moins, deux viettes, quelques pouces & taquets.

LA viette eft un brin long d'environ trois pieds; le pouce eft un brin de deux ou trois nœuds; le taquet de cinq à fix.

Œil, nœud, coſſon, bouton, ſont termes ſinonimes.

Lorsque la vigne eſt vieille, ou en terre foible, ou peu fumée, il faut en laiſſer moins.

Après deux ou trois années conſécutives abondantes en vin, il faut moins charger la vigne de bois, parce qu'alors étant épuiſée, elle ne pourroit nourrir ſon fruit, qui ne manqueroit pas de couler, avant, pendant, ou après la fleur.

Si, au contraire, la vigne a manqué à rapporter pluſieurs années de ſuite, il faut la charger de bois, un peu plus qu'à l'ordinaire. Mais à parler en général, il faut la charger plutôt moins que plus.

Le vrai point de la Taille, eſt de laiſſer autant de bois qu'il en faut pour donner du vin dans l'année préſente, & du bois dans la ſuivante, ſuivant le Proverbe, *Quand on taille la vigne, il faut y laiſſer vin & vigne.*

En taillant la vigne, il faut toujours tendre à la renouveller, en laiſſant au pied du bois, dont on puiſſe faire dans la ſuite des pouces, des taquets & de jeunes viettes.

DANS les vignes rouges, le bois qui eſt immédiatement ſur la ſouche, quelque beau & long qu'il puiſſe être, doit toujours être réduit en pouce, parce qu'il tire beaucoup de féve, & ne donne que rarement & peu de fruit. Il n'en eſt pas de même dans les vignes blanches.

LE jeune bois eſt celui qui donne le fruit, mais ſeulement quand il eſt ſur le vieux, ou du moins ſur celui qui eſt ſuranné. Ce jeune bois s'appelle *Mouchet*, & doit être conſervé précieuſement.

LA vigne doit être taillée en bec de flûte, & le plus haut doit ſe trouver du côté du coſſon, pour empêcher que la féve ne tombe deſſus & le gâte, lorſque la vigne pleure.

LA vigne ne doit pas être taillée auſſi près de l'œil, que les arbres le font par les Jardiniers. Il faut laiſſer deux ou trois lignes de bois, depuis le coſſon juſqu'à la playe ; mais non davantage. Si ce bois qu'on nomme *Argot* étoit plus long, en le coupant l'année suivante, la serpe pourroit endommager le bois qui doit rester.

En taillant, on doit ôter tous les martinets & les druges aux brins qui doivent rester après la Taille.

Il faut pareillement abattre *les têtes d'allouette* ; c'est ainsi que les Vignerons nomment le bois qui se trouve mort sur le pied du Cep : mais il faut prendre garde, en les abattant, d'éclater la souche. La séve se perdroit par cette playe.

Tous les Cepages rouges se taillent ordinairement en courgées, excepté le Gois, qui se taille en taquets de trois nœuds, autrement appellés *Cornichons*.

Tous les Cepages blancs se taillent communément en grandes viettes, qui se lient par anneaux, excepté l'Auvernat-blanc du Païs-bas, qui se taille comme le rouge.

Dans les Cepages blancs, outre les grandes viettes, qui se lient en anneau, on laisse encore sur la souche de petites viettes de trois à quatre nœuds, qu'on appelle *Queües d'anneau*, ou *Bois de Cerveau*. Ce bois de cerveau produit peu de fruit dans les Cepages rouges, & beaucoup dans les blancs,

OUTRE la queüe d'anneau, on laiſſe encore une petite courgée , qui eſt un brin de quatre à cinq nœuds , & qui a pouſſé ſur une queüe d'anneau, ou ſur une petite viette qui a produit du fruit.

LES Treilles étant iſolées , & par-là ayant plus de terrein pour nourrir leurs racines , on doit leur laiſſer plus de bois qu'aux vignes. Il faut ſurtout leur en laiſſer dans le bas. C'eſt celui qui produit le plus de fruit.

LES Treilles , comme les vignes , doivent ſe tailler de bonne heure , pour que la playe ait le tems de ſécher , avant que la ſéve commence à monter.

C'EST l'expérience , aidée du raiſonnement , qui a enſeigné & introduit les différentes manières de tailler les différents Cepages & en différents terroirs. Il ſeroit dangereux , ſur ce point , comme ſur tout autre , de s'écarter d'un uſage conſtamment & généralement reçu. Du moins faudroit-il n'eſſaïer d'abord une manière nouvelle , que ſur une très-petite portion de vignes , & pluſieurs années de ſuite , avant que de vouloir la ſubſtituer à l'ancienne.

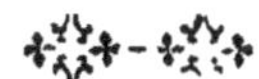

CHAPITRE CINQUIÈME.

Du premier Labour.

OBSERVATIONS PRÉLIMINAIRES

Sur la Végétation.

» L'effet du labour est de faciliter
» dans les Plantes la Végétation, qui est
» l'action par laquelle elles se nourrissent,
» croissent & produisent leurs fruits.

» La Végétation se fait dans les Plantes
» par le moyen de la séve, qui est une li-
» queur fine & spiritueuse, qui s'introduit
» par leurs racines, & pénétre jusqu'aux ex-
» tremités de leurs branches, montant &
» descendant par une espéce de circulation
» continuelle.

» La séve est composée de différents
« sels, d'eau, & des parties les plus subtiles
» de la terre. Les sels des fumiers & des
» terres neuves, que l'on met dans la vigne,

» fe meflent à la féve, en font partie &
» l'augmentent.

» LES autres fels, qui font partie de la
» féve, proviennent des influences de l'air,
» des pluyes, des neiges, des broüillards,
» qui pénétrent la terre, & y laiffent ces
» fels, qui, avec les parties les plus fubtiles
» de la terre, font détrempées par les eaux
» du ciel.

» PENDANT tout l'Hiver, la féve refte
» coagulée dans les branches, le tronc &
» les racines de la Plante : ce qui paroit
« évidemment lorfqu'on brûle le bois d'un
» arbre récemment abattu. Car alors la cha-
» leur du feu fait fortir, par fes extrémités,
» de l'eau qui n'en découloit pas par fes
» playes, lorfqu'on l'abattoit; ce qui fe fait
» ordinairement en Hiver. Et cette eau ne
» peut être autre que la féve, qui le nour-
» riffoit, lorfqu'il étoit fur pied..

» AU retour du Printems, cette féve qui
» étoit refté coagulée pendant l'Hiver, re-
» commence à fe liquéfier dans la Plante,
» par la chaleur de l'air & des rayons du
» foleil, qui met auffi en mouvement tous
» ces fels dont la terre eft imprégnée, &
» dont fe forme la féve.

» D'autre part, cette même chaleur di-
» late les racines, que le froid avoit reſerrées
» pendant l'Hiver. D'où il arrive que la ſéve,
» qui environne ces racines ainſi dilatées,
» s'y inſinue & y pénétre néceſſairement par
» l'impulſion de l'air, & de la terre échaufée
» par le ſoleil. Si l'on n'aime mieux dire
» qu'elle y eſt attirée par le vuide, que la dila-
» tation cauſée par la chaleur, occaſionne
» dans les pores des racines, ainſi que dans
» le tronc & dans les branches de la Plante.

» Cette même dilatation, jointe à l'im-
» pulſion de la nouvelle ſéve abondamment
» fournie par les racines, oblige celle qui
» s'eſt liquéfiée dans le corps de la Plante, à
» reprendre ſa circulation ordinaire, & pro-
» duit ainſi la Végétation.

» Tout ceci devient évident par l'inaction
» de la ſéve pendant l'Hiver, & ſon activité
» pendant l'Eté.

» Maintenant il eſt aiſé de voir, par
» l'expérience, combien le labour eſt utile
» aux Plantes, pour les aider à croître & à
» produire leur fruit, en ce que, malgré la
» diſpoſition la plus favorable, ſoit des ſai-
» ſons, ſoit du terroir même, une terre
» inculte

» inculte eſt toujours ſtérile , & ne produit
» que des ronces & des épines.

» I L n'eſt pas plus difficile de juger, que
» la terre, qui, pendant pluſieurs mois , avoit
» été battuë par les pluyes, & condenſée par
» les gelées, ſe trouvant deſſerrée & ſoulevée
» par le labour, laiſſe un paſſage plus libre
» aux pluyes , ainſi qu'aux rayons du ſoleil,
» pour pénétrer juſqu'aux racines des Plan-
» tes, & y faciliter l'introduction de la féve,
» qui opére la Végétation. »

ARTICLE PREMIER.

Du Tems propre au premier Labour.

LE premier labour eſt une des façons
les plus importantes , à cauſe du tems où
il ſe donne, qui eſt celui où la vigne,
commençant à pouſſer, a plus beſoin d'être
aidée.

IL eſt encore important , en ce que les
autres labours ne peuvent être que mal faits,
ſi celui-ci l'eſt mal. La preuve en eſt ſen-
ſible , & mérite d'être expoſée. La voici.

LORSQUE l'on a paré , en *Automne* ,

on a pris la terre de l'orne, pour la mettre
sur la poüée, afin de la groffir & de l'ex-
hauffer, & que, à ce moyen, les racines
plus couvertes fuffent mieux défenduës contre
les gelées d'Hiver.

D a n s le premier labour, qui se fait à
l'entrée du Printems, on rabat, de la poüée
dans l'orne, de cette terre, qu'on y avoit
prise en parant, & qu'on avoit mise sur la
poüée, afin que les racines, qui n'ont plus
déformais de froid rigoureux à craindre,
étant moins couvertes, se trouvent plus à
portée de recevoir la chaleur modérée de l'air
& des rayons du soleil, ainsi que les pluyes
douces, que favorisent les premiers efforts de
la végétation.

M a i s comme les racines de la vigne
ont autant à craindre des chaleurs trop fortes, qui les defféchent, que du froid, qui les
gerce, il faut donc, sur la fin du Printems,
lorsque la chaleur augmente, les défendre
contre le chaud, comme on les a défenduës,
pendant l'Hiver, contre le froid; & l'on
employe le même moyen pour l'un, comme
pour l'autre, qui eft de les tenir plus couvertes.

POUR cela, dans le binage, ou second labour, qui se donne vers la fin de Mai, on commence à reprendre une partie de la terre de l'orne, & à la remettre sur la poüée, pour l'opposer au chaud.

DANS le rebinage, ou troisième labour, qui se fait vers la mi-Juillet, tems où commencent les plus fortes chaleurs, & où, par conséquent, les racines de la vigne ont besoin d'être plus couvertes, on reprend encore d'autre terre dans l'orne, pour en charger la poüée. Mais il est bien certain qu'on n'y en trouvera pas, si on n'en a pas rabattu assez dans le premier labour, pour en relever suffisamment dans les deux autres.

D'OU il suit nécessairement, ce qu'il s'agissoit de prouver, que le second & le troisiéme labours ne peuvent être bien faits, si le premier l'a été mal.

IL s'ensuit de plus, comme il a été dit en parlant du Parage, que comme de la bonté du Parage dépend la bonté du premier labour, aussi de la bonté du premier labour dépend la bonté des deux autres ; & qu'ainsi, par un enchaînement nécessaire, la mauvaise manœuvre de l'une de ces façons, & surtout de

la première, qui eſt le Parage, influe in-
faillibiement ſur toutes celles qui la ſuivent.

Le tems ordinaire pour commencer à
labourer dans les terres fortes, eſt la mi-
Mars, lorſque l'Hiver paroit fini, que la
vigne eſt taillée & non liée, que la terre
eſt ſaine, c'eſt-à-dire, ni trop ſéche, ni
trop mouillée, & que le tems eſt ſerein.
C'eſt alors que la terre a beſoin de cette
façon, pour pouſſer plus vivement les bourgeons qui commencent à paroître.

Les groüettes, les ſables & les terres
légères, ne ſe doivent labourer que vers la
mi-Mai, à cauſe des gelées, auxquelles
elles ſont plus ſujettes que les terres fortes.

L'expérience a appris que ce retard
ne leur nuit point, comme il nuiroit aux
terres fortes. Car le ſoleil pénétrant celles-
ci plus difficilement, parce qu'elles ſont
plus compactes & plus ſerrées, elles ortie-
roient, ſi on tardoit juſques-là à les labourer.
C'eſt ce qu'ont éprouvé quelques Particuliers, qui en ont fait l'eſſai, dans la vüe de
les préſerver de la gelée, & qui ſont tom-
bés par-là dans un danger plus grand, que
celui qu'ils vouloient éviter.

LES Plantes & les jeunes vignes, même dans les terres fortes, ne fe labourent
également que vers la mi-Mai, lorfque le
danger des gelées du Printems paroit paffé.
Étant plus tendres & plus près de la terre,
elles craignent plus la gelée.

LORSQUE les coffons commencent à
s'ouvrir, fi le tems ménace de gelée, il faut
abfolument ceffer le labour, & tout autre
travail dans la vigne. Il eft même dangereux
d'y cueillir l'herbe ; ce qui ne fe peut faire,
fans remuer un peu la terre, & attirer par-là
la gelée.

IL ne faut jamais labourer, que par un tems
fec, & lorfque la terre elle-même eft féche,
du moins fur la fuperficie, & que les eaux
fe font entièrement écoulées. La raifon en
eft fenfible. On laboure la terre pour la foulever, afin de donner un paffage plus libre
aux pluyes, & aux rayons du foleil, pour
pénétrer jufqu'aux racines. Si donc on la-
bouroit une terre trop moüillée, chaque
coup de marre, ou de croy, n'enleveroit
qu'une maffe de boüe qui viendroit à fe durcir, & produiroit un effet directement contraire au but que l'on fe propofe en labou-

rant. Auſſi le Proverbe dit-il, *Il faut être
fou, pour labourer en tems mou.*

L E s terres humides par elles-mêmes doivent être labourées les dernières, par toutes les raiſons ci-deſſus.

L E labour donné à contre-tems fait jaunir
& ortier la vigne, & ſurtout la rend ſujette
à couler. On en ſent aſſés la raiſon, par ce
qui vient d'être dit en cet Article, & dans
les obſervations qui le précédent.

L E s Vignerons ſont tellement per-
ſuadés de l'importance des labours, que,
lorſqu'après l'une de ces façons données,
dans les vignes qui leur appartiennent, il
ſurvient des pluyes abondantes, qui battent
& affaiſſent la terre, les plus aiſés d'entr'eux ne balancent pas à la donner de
nouveau.

U N Maître ne peut exiger de ſon Vigneron ce double travail occaſionné par une
cauſe, dont il ne peut répondre, ſans le
dédommager.

ARTICLE SECOND.

Des Conditions du Labour.

L'OPÉRATION du labour confiste à rabattre dans l'orne la terre, qu'on avoit mife fur la poüée, en parant.

ON fe fert ordinairement, pour labourer, du croy large & non pointu, plutôt que de la marre, fi ce n'eft dans les terres pierreufes, où le croy n'entreroit pas, s'il n'étoit pointu.

LA marre, qu'on appelle ailleurs *une hoüe*, eft un inftrument de fer, plat & tranchant, comme une bêche, long de quinze pouces, large de neuf.

LA différence de la marre à la bêche confifte en ce que celle-ci forme avec fon manche une ligne droite & continüe, au lieu que la marre eft à peu près, paralléle au fien, au moyen d'un anneau recourbé, qui reçoit ce manche.

L'OUVRIER, qui fe fert de la bêche, travaille droit, & jette devant lui la terre qu'il a levée. Celui qui fe fert de la marre, travaille courbé, & tire à lui la terre, pour la remuer & la retourner.

LE croy eſt une vraye marre, excepté que du milieu de ſon tranchant juſqu'aux deux tiers de ſa longueur, il a une ouverture large de deux à trois pouces, pour embraſſer le pied du Cep, en labourant, & le nétoïer plus exactement des herbes, qui pourroient y être adhérentes.

LES deux côtés de cette échancrure ſe terminent en pointes dans le croy pointu, pour qu'il perce plus facilement dans les terres meſlées de pierres ou de cailloux.

APRÈS un labour bien fait, 1°· L'orne doit ſe trouver auſſi haute que la poüée, à trois pouces près. 2°· Il ne doit point reſter de mottes. On a dû, en labourant, les écraſer avec la tête du croy. 3°· La terre ayant dû être également manœuvrée dans toute l'étendüe de la poüée, il ne doit point s'y trouver quelques endroits plus durs, que les Vignerons appellent *râlées ou pâtés.*

TOUTES ces conditions ſont néceſſaires, pour que la terre ſoit ſuffiſamment ſoulevée, & par-là plus en état de faciliter la végé-tation.

APRÈS le labour fini, on peut juger de

la bonté de l'ouvrage par la profondeur du gueret, en le fondant. On doit lui trouver, au moins, deux à trois pouces de profondeur.

C'est particulièrement en ouvrant les poüées, pour y mettre du fumier, qu'on reconnoit si les labours ont été mal faits. Car, dans ce cas, la terre se trouve dure, à peu de distance de la superficie, & l'on apperçoit des racines assés grosses, qui seroient plus profondes, si le labour eût été mieux fait.

La terre, dans le labour, doit avoir été retournée sans dessus dessous, afin que celle qui a été exposée à l'air, depuis le Parage, & qui, par cette raison, est plus imprégnée de sels, se trouve plus près des racines, & puisse les nourrir de ces sels tout neufs.

Les herbes doivent avoir été enterrées, de sorte qu'elles ayent leurs racines en haut. Le tour des Ceps doit en être principalement nétoyé.

Avant de rabatttre la terre de dessus la poüée, on a dû racler l'orne, pour arracher les racines des herbes, & les empêcher de croître , autant qu'il eſt poſſible , juſqu'au binage , & de dérober à la vigne ſa nourriture.

IL faut prendre garde , en labourant, de découvrir le fumier récemment mis dans la vigne. Outre qu'il ſe deſſéche à l'air & devient inutile , il devient même nuiſible , en ce qu'il attire la gelée. S'il arrive qu'on en découvre en travaillant , on doit ne pas manquer à le recouvrir de terre.

ON peut ajouter en général , que pour apprendre à juger de l'ouvrage de ſon Vigneron , il faut examiner celui des Vignerons qui travaillent pour eux-mêmes , & le comparer au ſien.

LE premier labour bien fait évite de la peine au Vigneron dans les autres ; outre qu'il eſt extrêmement avantageux à la vigne , ſe faiſant dans le tems , où elle doit produire ſon bois & ſon fruit.

CHAPITRE SIXIÈME.

De la Deſtruction des Herbes, qui croiſſent dans la Vigne.

ON devroit, s'il étoit poſſible, ne ſouffrir, en aucun tems, aucune herbe dans la vigne. Elles deſſéchent la terre, conſument le fumier, privent la vigne de ſa meilleure nourriture, & l'empêchent de produire du fruit auſſi beau, & en auſſi grande abondance, que ſi elles en étoient bannies.

ON reproche en général aux Vignerons de paroître travailler plutôt à les entretenir, qu'à les détruire dans les vignes de leurs Maîtres, parce qu'elles ſervent de nourriture aux vaches qu'ils nourriſſent; quoique d'ailleurs ils n'en ſouffrent que le moins qu'ils peuvent, dans leurs propres vignes.

ON leur reproche encore de tarder le plus qu'ils peuvent à les cueillir, non ſeulement afin qu'elles ſoient fortes & plus abondantes, mais ſurtout afin que ſe trouvant en parfaite maturité, la graine, qui se détache alors plus facilement, puisse tomber d'elle-même & en reproduire d'autres.

On leur reproche pareillement de ne cueillir que celles dont leurs vaches font le plus friandes, & de laisser les autres dans la vigne, qui en continuant de croître, continuent à desfécher la terre, & à faire tort au bois & au fruit.

On prétend de plus que quand les Vigneronnes ceuillent les herbes dans la vigne, au lieu de les tirer en haut, pour en arracher les racines, elles les tirent à elles, en rasant la terre, en forte que la racine refte & repousse de nouveau.

Le plus sûr moyen pour éviter tous ces inconveniens, ce feroit de prendre des femmes de journée pour arracher les herbes, avant qu'elles fussent mûres. Il en revient toujours assés.

Il ne faut pas faire arracher les herbes, immédiatement après qu'il a plû, parce que l'on gâteroit le gueret. Il ne faut pas non plus laisser fécher trop la terre, parce qu'on ne pourroit tirer leurs racines.

C'EST furtout dans les labours qu'on peut les détruire plus facilement, en les tournant fans deſſus deſſous, en forte qu'il n'y ait que leurs racines qui paroiſſent, afin que deſſéchées par le foleil, elles ne puiſ-ſent plus repouſſer.

TOUTE eſpéce d'herbe nuit à la vigne, mais principalement le Chardon & le Chien-dent.

LE Chardon, dès ſa feconde année, pique ſes racines juſques dans le foulage, & on ne peut l'arracher que quand la terre eſt bien imbibée. Si au lieu de l'arracher, on fe contente de le caſſer, ou de le cou-per, il n'en repouſſe que plus vivement.

ON s'eſt plaint quelquefois que des Vi-gneronnes ménageoient beaucoup cette eſ-péce d'herbe, dans les vignes de leurs Maî-tres, dans la perfuafion que cette eſpéce de fourrage leur procuroit plus de lait que tout autre.

LE Chiendent eſt le plus dangereux de tous. Il s'étend davantage, & fe fait des ra-cines plus profondes que quelqu'autre herbe que ce foit. Il eſt occafionné par des la-

bours , ou omis, ou donnés superficiel-
lement.

L E tems de l'arracher est lorsqu'il est en
féve, & qu'il a plû abondamment. Il faut
alors creuser la terre profondément, pour
trouver ses plus basses racines, & n'en pas
laisser en terre le plus petit brin , parce
qu'il reprend très-facilement.

CHAPITRE SEPTIÈME.

Du Liage.

AUSSITÔT qu'on a fini de labourer, on pique le charnier en terre, pour y attacher la vigne.

ON ne doit commencer à lier que lorsque la féve commençant à monter dans le bois, le rend souple & pliant. Sans cela, on risqueroit de le casser.

UN Vigneron ne doit piquer de charnier qu'à proportion de ce qu'il peut lier de vignes dans sa journée. Autrement, le vent poussant les brins contre les charniers, en détacheroit les cossons.

ON pique ordinairement le charnier dès le matin, jusqu'au déjeûné. Après ce repas, on se met à lier.

QUAND les bourgeons ont environ un pouce de longueur, il est dangereux que la vigne ne soit pas liée, quand même le charnier ne seroit pas piqué, parce qu'en cas de grands vents, le bois & le bourgeon fouffrent de l'agitation , que le vent caufe aux brins , qui ne font pas liés.

L ES vignes rouges fe lient par courgée, & les blanches par anneaux , excepté l'Auvernat-blanc du Pays-bas, qui fe met auffi en courgée.

O N appelle lier par courgée , lorfqu'on couche fur la poüée les grands brins ou viettes , qu'on a laiffés en taillant. Pour cela, on pique fur le milieu de la poüée, un charniffon , auquel on attache le bout des viettes , & on lie la viette au grand charnier , près le pied du Cep , ce qui s'appelle *Colleter.*

L A vigne liée en courgée forme un berceau fur la poüée. Ce berceau doit être affés élevé , pour que la marre paffe aifément par deffous , dans les labours. Étant ainfi couchée, elle préfente miéux fon fruit à l'air & aux rayons du foleil. Il en mûrit mieux & prend plus de qualité.

D A N s la vüe de profiter de ces avantages, quelques Vignerons ont effayé de lier en courgée les Cepages blancs, qu'on eft dans l'ufage de lier par anneaux , & ont été obligés

obligés d'y renoncer. Car il eft arrivé que les derniers coffons de leurs courgées étoient les feuls, qui portaffent du fruit, & que les autres plus près de la fouche fe trouvoient ftériles. Ce qu'ils n'éprouvoient point dans les anneaux.

ON ne peut attribuer cet effet fingulier qu'à la violence de la féve, qui fe portant trop rapidement vers le bout de la viette liée en courgée, n'a pas le tems d'opérer fur les premiers coffons, qu'elle rencontre au fortir de la fouche; au lieu que le tournant de l'anneau, modérant fa rapidité, lui donne le loifir de travailler fur tous les coffons également.

QUAND la vigne eft ainfi liée, on découvre d'un coup d'œil, fi elle eft fuffifamment garnie de bois. Car alors, le berceau, d'un bout de la poüée à l'autre, ne paroit point interrompu, & ne préfente point de vuide.

QUAND on lie par anneaux, on ne met point de charniffons fur la poüée. On tourne les viettes en forme d'anneau, & on en lie les bouts au charnier, mais féparément, afin que les derniers bourgeons ne fe nuifent pas, lorfqu'ils deviennent grands.

F

L E s vignes liées gelent plus facilement, & plus que celles qui ne le font pas, parce que leurs bourgeons fe trouvent plus près de terre, & par conféquent, plus à portée de la vapeur qui en fort, & qui, condenfée par la fraicheur de l'air, forme la gelée.

P A R la raifon contraire, dans les vignes qui ne font pas encore liées, comme tous les bourgeons ne font pas également près de terre, ceux qui font le plus élevés fe trouvent fouvent confervés; le vent, qui les agite, diffipant encore la vapeur, & l'empê-chant de s'y attacher.

A I N S I, lorfque la gelée paroît ménacer prochainement, il faut ceffer de lier.

E N liant, on doit coucher le bois dans fon fens naturel, & non à rebours. Autrement on l'éclatte, en le tordant. La féve fe perd par la playe, & le brin meurt.

L A vigne doit toujours être liée avec de l'ofier rouge, & non avec le blanc, autre-ment appellé *Souplain*, qui fe caffe plus aifément, finon en liant, du moins lorfqu'il vient à fécher.

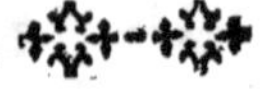

o

CHAPITRE HUITIÈME.

De l'Ebourgeonement.

EBOURGEONER la vigne, c'eſt en ôter les bourgeons inutiles, parce qu'ils deviendroient nuiſibles.

TOUT bourgeon eſt inutile, lorſqu'il n'a point de raiſin, ou qu'il ne peut ſervir à la taille de l'année ſuivante.

DÈSLORS il deviendroit nuiſible, 1°· Parce que la ſéve, qui le nourriroit, y ſeroit employée en pure perte. 2°· Parce qu'en croiſſant, il ombrageroit trop le raiſin, qui ſeroit ainſi moins en état de profiter des influences de l'air.

IL eſt dangereux d'ébourgeoner trop-tôt, c'eſt-à-dire, lorſque le raiſin eſt encore aſſés petit, pour qu'on ait peine à le diſtinguer dans le cœur du bourgeon, parce que l'on court riſque de l'arracher avec le bourgeon, ſur lequel il eſt né.

IL eſt également dangereux d'ébour-

geoner trop-tard, parce qu'alors, le bourgeon, qu'on doit retrancher, a déjà pris une
nourriture deſtinée à celui qui doit reſter.
Ainſi cet ouvrage doit ſe faire promptement , & le Vigneron doit prendre de
l'aide, pour profiter du tems qui y eſt favorable.

L'Ébourgeonement ne ſe doit
faire que par gens experts, jamais par des
enfants, & le moins qu'on peut par des
femmes. 1°. Parce qu'il faut connoître les
bourgeons propres à la taille de l'année
ſuivante, pour les laiſſer. 2°. Parce que,
faute d'attention, on peut ôter bien des
raiſins déjà formés & non encore aſſés dé-
velopés. Outre que les habits longs des
femmes peuvent abattre des bourgeons, ſi
elles ne s'en gardent ſoigneuſement.

C'est au pied du Cep, ſur la ſouche,
qu'on laiſſe les bourgeons, pour la taille
ſuivante. On n'en laiſſe guère plus de deux
dans l'Auvernat & dans les autres Cepages
rouges. Dans les vignes blanches, on en
laiſſe juſqu'à trois & quatre, par la raiſon
qui en a été dite, en parlant de la taille,
que ce bois né ſur la ſouche , autrement

appellé *Bois de Cerveau*. fructifie plus dans les vignes blanches, que dans les rouges.

Dans les vieilles vignes, on ne doit pas ôter les petits bourgeons, qui se trouvent sur le vieux bois. Ils servent, les années suivantes, à renouveller la vigne.

On a reproché à quelques Vigneronnes de dégarnir trop la vigne, en l'ébourgeonant, afin d'en tirer plus de bourgeon, pour la nourriture de leurs vaches.

Une vigne bien taillée & bien ébourgeonée doit avoir du bourgeon depuis le pied, jusqu'au bout du jeune bois. Quand il en est autrement, elle a été mal taillée, ou mal ébourgeonée.

CHAPITRE NEUVIÈME.

De l'Accolage.

ACCOLER la vigne, c'eſt relever les brins, qui ont crû depuis l'ébourgeonement, & les lier au charnier.

ON commence à accoler, peu après qu'on a fini d'ébourgeoner, & toujours avant de biner, pour ne pas gâter le gueret.

ON doit accoler par un tems modéré. Si l'air ſe refroidiſſoit, ou, au contraire, que les chaleurs devinſſent fortes, le raiſin récemment découvert ſeroit ſujet à couler.

QUAND on accole trop-tard, on riſque de voir les bourgeons caſſés par le vent, & plus frappés de la grêle, quand il en tombe en cette ſaiſon.

COMME tous les bourgeons d'un même Cep ne pouſſent pas avec la même force, une partie eſt bonne à accoler, avant l'autre. Ainſi cette façon doit ſe faire à deux fois. Faire le ſecond Accolage, s'appelle *relever.*

L'ACCOLAGE doit se commencer par les jeunes vignes, parce qu'elles poussent plus vivement, & pour empêcher que leurs bourgeons, qui sont d'ordinaire abondants, ne se meslent & ne s'entrelassent.

- L'ACCOLAGE demande trois liens ; l'un en bas, l'autre en haut, le troisième au milieu.

QUAND on manque de lier au milieu, le bourgeon venant à croître, après qu'il a été accolé, il se forme, dans ce milieu, une espéce de cage. D'où il arrive que le bourgeon gêné & non soutenu, ou se casse, ou se décole dans le bas.

L'ACCOLAGE se doit faire avec de la paille, & non avec du jonc, qui est moins souple, & plus cassant que la paille.

CHAQUE maillon ou lien doit être au moins de deux brins de paille. Sans cela, il est trop foible, & se rompt en séchant.

LE raisin ne doit pas se trouver enfermé sous le maillon. Il s'y étouffe & ne mûrit pas.

CHAPITRE DIXIÈME,

Du Binage, ou second Labour.

LE Binage, ou second labour, peut se commencer vers la fin de Mai, dans les terres fortes, ou autres, qui ont été labourées de bonne heure, surtout lorsque l'herbe commence à y être forte.

IL faut cependant suspendre le Binage, lorsque la vigne est en fleur, & que le tems est ou trop froid, ou trop chaud. Dans ces deux cas, on courroit risque de faire couler la vigne, en remüant la terre. Elle a besoin alors d'un tems fort modéré.

LE tems de la fleur est le plus critique pour la vigne. Le froid la fait couler, parce qu'il arrête la séve, qui n'est plus assés forte, pour nourrir le grain naissant. Une chaleur forte la fait également couler, surtout après de longues pluyes, parce qu'alors la séve monte avec trop de force, & ne donne pas le tems au grain de se former.

UNE longue sécheresse cause encore la

coulure, parce qu'alors la terre ne fournit pas affés d'humeur pour former & nourrir le fruit.

LORSQUE la vigne fleurit après de longues pluyes, & le pied dans l'eau, la coulure eft toujours à craindre, malgré que le tems fut plus fec, lors même de la fleur, comme en 1750.

QUAND le tems a été long-tems fec, il faut, pour biner, attendre qu'il ait plû, & faifir ce moment, fi le tems fe réchauffe & paroit affuré. Autrement, la pluïe reprenant, & l'air fe refroidiffant par la pluye, on feroit couler le raifin. Ce qui arriva en 1749, Mai ayant été fec & chaud, Juin pluvieux & froid.

DE ces obfervations il fuit néceffairement que le Binage eft la façon qui demande le plus d'attention, pour faifir le tems, qui lui eft propre, à caufe du danger de la fleur.

LE meilleur Binage eft celui qui fe fait par un tems modéré, fec, & qui paroit difpofé au hâle, après une pluye fuffifante. Le raifin & le bourgeon en profitent mieux, & les herbes meurent plus facilement.

ON ne doit commencer le Binage, qu'après qu'on a fini d'accoler. Autrement, on casseroit infailliblement les bourgeons non relevés.

AVANT que l'on commence à biner, il faut s'assurer si toutes les vignes ont été labourées. Sans cette précaution, les dernières labourées pourroient passer pour avoir été les premières binées.

ON se sert, pour biner les vignes, non du croy, mais de la marre, comme plus tranchante & plus propre à couper la racine des herbes.

IL faut, en binant, remuer profondément la terre de la pouée, & celle de l'orne, & remettre sur la pouée une partie de celle de l'orne, mais moins qu'en rebinant, afin qu'il en reste plus au pied du Cep, pour qu'il ne soit pas endommagé par la chaleur.

DANS les grouettes, & autres terres, dont le soulage n'est pas profond, on ne commence que dans le rebinage à relever la terre de l'orne sur la pouée, afin que le pied de la vigne reste mieux garni contre le chaud.

On doit, en binant, remuer le fumier nouvellement mis dans la vigne. Mais il ne doit pas rester exposé à l'air qui le dessécheroit. Encore moins doit-on l'abattre dans l'orne, où il est inutile, outre qu'il s'y dessécheroit également.

CHAPITRE ONZIÈME.

Du Rebinage, ou troisième Labour.

LE Rebinage, ou troisième labour, se
donne de la même manière & avec le même outil que le second, qui est la marre.

EN rebinant, on prend plus de terre dans
l'orne, pour la mettre sur la poüée, que
lorsque l'on bine. La vigne étant couverte
de son bourgeon, qui est dans toute sa grandeur, craint moins que la chaleur n'endommage le pied du Cep.

DANS les terres fortes, ou autres, qui
ont été labourées de bonne heure, on commence à rebiner vers la mi-Juillet, & quelquefois même plutôt, lorsque l'année paroit plus avancée pour la maturité du fruit.

SI la terre étoit trop séche, ou les chaleurs trop violentes, il faudroit tarder à
donner cette façon. Autrement, ce seroit
mettre le feu au pied de la vigne, que de

mettre en deſſous, en la retournant, une terre ſéche & brûlante, qui deſſécheroit le Cep & les racines. D'ailleurs, la pouſſière s'attachant ſur l'écorce du raiſin, par le moyen de la roſée, la durciroit, & lui feroit rendre moins de vin.

Le meilleur tems, pour donner cette façon, eſt immédiatement après la pluye, quand la terre eſt pénétrée d'eau, environ deux ou trois doigts : & alors il faut la donner promptement, la terre ne tardant pas à ſécher, dans cette ſaiſon.

Les Vignerons allant ordinairement en Beauce, pour aider à la Moiſſon, comme les Beauceronnes viennent dans le Vignoble, pour aider à la vendange, lorſqu'elle eſt abondante, on ne doit point les laiſſer partir, que le Rebinage ne ſoit déjà avancé. Ils en reviennent fatigués, & ne feroient pas en état de donner cette façon entière. Ils pourroient même revenir ſi-tard, & ſi près de la vendange, que le Rebinage feroit peu utile à la vigne, ou du moins à ſon fruit.

Si le tems devenoit favorable pour rebi-

ner, pendant qu'un Vigneron eſt en moiſſon ; ſi, par exemple, après une longue ſé-
chereſſe, il pleuvoit, il faudroit profiter de
ce tems, pour faire achever de rebiner.
Quitte à s'arranger avec lui, à ſon retour,
pour la dépenſe de cette façon, qui donnée
en pareilles circonſtances, eſt extrêmement
avantageuſe, pour la maturité du fruit.

Q U A N D le Rebinage ſe fait trop près
de la vendange, le raiſin n'a pas le tems d'en
profiter. Il ne peut ſervir, tout au plus,
qu'à détruire les herbes, ſi elles étoient
abondantes. Mais par cette raiſon, il ne faudroit pas le négliger, ſi la trop grande chaleur ne s'y oppoſoit.

L O R S Q U E, près de la vendange, le tems
ſe refroidit, il eſt dangereux de remuer la
terre. La vigne ſe dépoüilleroit de ſes feüilles, & alors le raiſin, ſurtout l'Auvernat,
ſe fane plutôt que de mûrir.

O N ne doit jamais retrancher le Rebinage, ſous quelque prétexte que ce ſoit, n'y
eût-il point, ou que très-peu de raiſins à la
vigne, par les accidents auxquelles elle eſt
ſujette, de gelée, de grêle, ou de coulure.

Les façons données entretiennent le Cep en bon état, & détruisent les herbes.

Il ne faut point souffrir dans les vignes de Cueilleufes d'herbes, furtout étrangères, depuis que le raifin a commencé à tourner. Leurs habits abattent les grains, elles en mangent, & quelquefois elles en emportent encore.

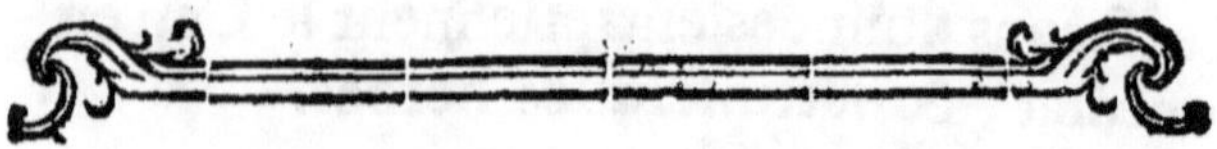

CHAPITRE DOUZIÈME.

Du Quartage , ou quatrième Labour.

LE Quartage , ou quatrième labour, eſt une façon ordinaire pour les Plantes , qui ne ſont point encore encharnelées. Le Vigneron la doit , en place du travail que le charnier lui occaſionne dans les vignes, où il faut le piquer , l'arracher & y lier la vigne.

ON fait quelquefois quartager , par extraordinaire , les vignes , où l'on a mis du fumier , depuis la dernière vendange , lorſqu'une année pluvieuſe y a fait croître trop d'herbes , & auſſi celles qui ont été rebinées les premières , lorſque l'herbe y abonde ; & alors cette façon ſe paye à l'équivalent des autres.

LE Quartage n'eſt utile que dans les cas ci-deſſus , lorſque les autres labours ont été bien faits. Auſſi les Vignerons ne la donnent-t'ils point , ou que très-rarement , à leurs vignes propres.

Du

Du Bourgeon à rogner & ébroſſer.

A P R è s le Rebinage, on peut & on doit même rogner le Bourgeon dont la hauteur excéde celle du charnier. Cela décharge d'autant le Cep, & il en nourrit mieux ſon raiſin. Mais il ne faut relever celui qui eſt plus bas, que vers la mi-Août; les fortes chaleurs de Juillet & Août pourroient brûler le raiſin récemment découvert.

O n ne doit jamais ſouffrir ébroſſer les vignes, c'eſt-à-dire, en détacher les feüilles, qu'après la vendange. Elles ſervent à conſerver le fruit, juſqu'à ſa maturité.

L e s Bourgeons du milieu & du bas du Cep devant être précieuſement conſervés pour la taille, on ne doit jamais les ébroſſer, mais ſeulement le bout des hauts brins, & par conſéquent cet ouvrage ne doit jamais être fait par des enfants, qui n'y peuvent atteindre.

O n ne doit jamais ébroſſer, qu'en coulant la main de bas en haut, pour ne pas bleſſer

G

le coffon ; ce qui rendroit le bois fujet à la champelure d'Hiver.

LEs Vigneronnes font curieufes de cet ouvrage, parce qu'il leur fournit du four-rage pour leurs vaches, dans une faifon où l'herbe commence à être rare. Ainfi il faut y veiller.

LE MANUEL
DU CULTIVATEUR
DANS LE VIGNOBLE D'ORLEANS

TROISIEME PARTIE.

Des Accidents qui furviennent à la Vigne, de fes Maladies, des Infectes qui l'endommagent. &c.

CHAPITRE PREMIER.

Des Accidents qui furviennent à la Vigne.

Es Accidents font la Champelure, les Gelées d'Hiver & de Printems, le Taçon, la Grêle & la Coulure.

F ij

Article Premier.

De la Champelure.

Un brin eſt champelé, lorſqu'un ou pluſieurs de ſes coſſons ſe trouvent gâtés, & hors d'état de pouſſer.

La Champelure d'Été provient d'un défaut de chaleur, lorſque l'année ayant été pluvieuſe & froide, le bois n'a pû mûrir aſſés, pour que ſes coſſons réſiſtent aux premières gelées d'Automne, ou lorſqu'un brin ayant été trop ſerré en accolant, la ſéve a été gênée, & n'a pas pû le mûrir.

La Champelure d'Hiver provient de givre, ou de gelée blanche fonduë par le ſoleil ſur le coſſon. Elle le brûle. Il noircit & ſe détache.

Lorsque le vent ſecouë & fait tomber le givre, ou la gelée blanche, ou lorſqu'elle ſéche d'elle-même, par un tems couvert, ou lorſqu'elle eſt fonduë par le broüillard, avant que le ſoleil paroiſſe, il ne ſe fait point de Champelure.

On ne peut prévenir cet accident, ni y remédier.

ARTICLE SECOND.

Des Gelées d'Hiver.

LA Gelée, en Hiver, eft quelquefois ſi violente, qu'elle pénétre juſqu'aux racines de la vigne, & alors il faut l'arracher, comme en 1684.

QUELQUEFOIS le grand froid gele ſeulement le bois, juſques ſur la ſouche, & alors il faut couper la vigne au pied, comme en 1709.

QUAND on eſt obligé de couper la vigne au pied, il faut le faire de bonne heure, afin que les playes, qui ſont larges, ayent le tems de ſécher avant la ſéve,

MALGRÉ la rigueur de l'Hiver, les coſ-ſons les plus près de la ſouche ſe trouvent quelquefois conſervés, par la neige qui les a couverts. Alors il faut couper le bois, juſ-qu'à ces coſſons excluſivement.

QUELQUEFOIS, après un fort Hiver, on doute ſi le bois eſt bon ou non, comme en 1716; les coſſons s'ébroſſent aiſé-ment, parce qu'ils ont ſouffert de la gelée.

D'autre part le bois paroit encore vert au dedans, quoique d'un vert foible.

Le parti qui réuffit mieux, cette année-là, fut de tailler court, & de laiffer fimplement des pouces, fans couper au pied.

Article Troisième.

Des Gelées du Printems.

La terre qui a été humeĉtée par les pluyes de l'Hiver & par les neiges, exhale des vapeurs, au Printems, lorfqu'elle commence à s'échauffer, par le retour du foleil. Ces vapeurs fe diffipent d'elles-mêmes, quand le tems eft doux. Mais elles fe condenfent, dès fa furface, lorfque l'air eft froid, & s'attachent au bois & aux coffons de la vigne : ce qui forme la gelée blanche.

Ces Gelées ne font communément à craindre, que lorfque le coffon commence à fe développer. Il eft rare que la vigne gele auparavant : cequ'on appelle *Geler en bourre*. Rarement les Gelées du Printems font affés fortes pour cela, quoi qu'on l'ait vû quelquefois.

Comme la fraicheur de l'air eft à fon

plus haut dégré, vers le lever du soleil, parce que c'est la fin de la nuit ; c'est aussi près de ce moment que la Gelée blanche se fait plus remarquer, tant sur la surface de la terre que sur la vigne & sur les autres plantes.

L a Gelée blanche est principalement à craindre, lorsqu'il a tombé, la veille, de la neige, ou des grêlons, qui annoncent la fraicheur de l'air.

Q u a n d le vent souffle, au lever du soleil, il dissipe les vapeurs qui causent la Gelée. Mais lorsque l'air est calme, elles s'attachent au bois & au bourgeon qu'elles mettent en danger.

L o r s q u e le vent est Bise ou Nord-Est, il se soutient ordinairement le matin, tel qu'il étoit la veille au soir ; & quoique très-froid par lui-même, il préserve du danger de la Gelée, en dissipant les vapeurs. Le plus dangereux est le Nord-Ouest ou Galerne, qui est également froid, & qui cesse toujours de souffler, au lever du soleil, ainsi que le Sud-Est.

S i le tems reste couvert pendant quelques heures, après le moment où le foleil fe leve, la chaleur qu'il communique à l'air, quoiqu'il foit caché par les nuages, fait fondre infenfiblement la Gelée, & elle ne caufe alors aucun dommage, quelque forte qu'elle ait paru d'abord.

L E s vignes fituées près des Bois font plus fujettes à la Gelée, parce que le terrein y eft ordinairement plus frais, & que d'ailleurs les Bois arrêtent l'action du vent.

L E s terreins bas y font également plus fujets, parce que le vent s'y fait moins fentir, & qu'en outre les vapeurs de la terre y font plus fortes, parce qu'elles font plus humides, fervant d'égoût aux eaux.

L E s terreins libres, élevés, & fecs par eux-mêmes s'en garentiffent mieux, par les raifons contraires.

L o R s d'une Gelée blanche, quand le foleil paroit, au moment de fon lever, ou même plu-tard, avant que la Gelée foit fonduë, la chaleur de fes rayons brûle le bourgeon, de forte qu'il féche, fe noircit, & fe réduit en poudre. Tous ces effets font

ſenſibles, quelques heures après qu'il a commencé de luire.

LORSQUE le bourgeon eſt déjà fort,
long d'un demi pied & même plus, ayant
ſes feüilles développées & ſes raiſins appa-
rents, il arrive quelquefois que les feüilles
& les raiſins paroiſſent encore verts & bien
conſervés, après une Gelée blanche. Mais le
mal n'en eſt pas moins grand, ſi la pointe
du bourgeon a été attaquée par la Gelée;
ce que l'on reconnoit à ce qu'elle eſt flétrie
& panchée. Dèſlors il ne faut plus compter
ſur le raiſin de ce bourgeon. Il avorte par
l'interruption de la ſéve qu'occaſionne la
flétriſſure de la pointe.

LES vapeurs des Rivières, parce qu'elles
ſont plus chaudes que les exhalaiſons de la
terre, garantiſſent ſouvent de la Gelée les
vignes qui en ſont voiſines, du côté d'où
elles ſont pouſſées par le vent.

ON a vû le Fourneau d'une Tuilerie préſerver de la Gelée un Clos de vignes, ſur
lequel ſa fumée étoit portée par le vent;
tandis que toutes les autres des environs
furent totalement perduës.

En conféquence de ces exemples, des Particuliers ont tenté quelquefois d'empêcher l'effet de la Gelée, par la fumée d'un feu de paille & de fumier allumé à la tête d'une Pièce de vignes, au deffus du vent, & n'y ont pas réuffi. Cette fumée n'ayant pas apparemment affés de chaleur, pour furmonter la fraicheur de l'air.

Lorsqu'au Printems, le tems paroit difpofé à la Gelée, il faut abfolument s'abftenir de tout travail dans les vignes, même d'y cueillir l'herbe. Pour peu qu'on remüe la terre, on donne un paffage plus libre aux vapeurs, qui forment la Gelée.

Rien n'occafionne plus la Gelée fur les vignes que le fumier récemment porté ou remüé. Sa chaleur naturelle en exprime des vapeurs abondantes, que la fraicheur de l'air arrête fur le bois & fur les bourgeons.

Le danger de la Gelée dure ordinairement jufques vers la mi-Mai. Après une première Gelée, le 17 Avril 1767, on a vû encore les vignes geler, le 18 Juin fuivant. Mais un accident auffi extraordinaire ne peut occafionner de nouvelles régles dans la culture de la vigne.

ARTICLE QUATRIÈME.

De la Grêle.

LORSQUE la Grêle eft menüe, qu'elle tombe droit, meflée de pluye, & n'eft pas pouflée par le vent, elle ne caufe point, ou que très-peu de dommage à la vigne.

LORSQU'ELLE eft groffe, féche & pouf-fée par un vent fort, elle abat les raifins, caffe ou meurtrit les bourgeons.

LES raifins même, qui ont été épargnés par la Grêle, ne laiffent pas d'en fouffrir, en ce que la vigne privée de fon bois en re-pouffe de nouveau, qui enleve au fruit fa nourriture. Il devient moins gros, & a moins de qualité.

QUAND la Grêle tombe vers la fin de Juin, ou plu-tard, la vigne ne pouvant alors produire que de nouveau bois qui n'a pas le tems de mûrir, le dommage fe fait encore fentir, l'année fuivante, par le dé-faut de bois propre à produire du fruit.

LORSQUE la Grêle attaque le raifin, près du tems de la vendange, elle forme fur les grains des meurtrifsûres, & fi ces meurtrifsûres féchent avant qu'on le cueille, elles caufent de l'âcreté au vin, qui en gâte la qualité, & le met en danger de ne fe pas conferver long-tems. Pour obvier à cet inconvenient, il faut, en vendangeant, éplucher exactement ces grains grêlés.

En 1744, le raifin étant mûr, & la vendange déjà ouverte, ce qui reftoit de raifin aux vignes fut tellement maltraité par la Grêle, que la moitié des grains fe trouva éparfe fous les Ceps. Le lendemain on coupa les grappes, on ramaffa les grains, & la qualité du vin en fouffrit peu, les playes n'aïant pas eû le tems de fécher.

ARTICLE CINQUIÈME.

De la Coulure & du Tacon.

LA Coulure provient également de deux caufes directement contraires ; ou du défaut, ou de la trop grande abondance de féve dans la vigne.

LE défaut de féve vient de la fécherefse de la terre, & fa trop grande abondance vient de trop d'humidité.

DANS le premier cas, la terre ne fournit

pas affés de féve, pour nourrir fon bois &
fon fruit.

Dans le fecond, la féve portée avec trop
de violence, ne donne pas le tems au fruit
de fe former, & le fait avorter.

Une troifième caufe de la Coulure eft
l'interruption de l'action de la féve caufée
par de longues fraicheurs. Elle fait languir
le fruit, & enfin périr.

C'est furtout lorfque la vigne eft en
fleur, & que fon fruit doit fe noüer, que
ces accidents font à craindre ; & comme
c'eft ordinairement le tems du Binage, ou
fecond labour, cette façon doit fe donner
avec beaucoup de précaution, comme il a
été dit plus haut, en fon lieu.

Lorsque la vigne vient à couler, une
partie de fes grappes fe détachent & tombent toutes entières fous les Ceps. D'autres
ne confervent qu'une partie de leurs grains,
qui reftent clair-femés fur la grappe. D'autres les confervent tous, mais fi menus, que
même dans leur maturité, ils ne font pas
plus gros que de groffes têtes d'épingles, &
forment ce qu'on appelle des *Raifins de*

Demoiselles. Ces sortes de grains portent peu de profit dans la cuve , leurs grappes bûvant presqu'autant de vin que les grains peuvent en rendre.

Quand une fois la coulure a commencé , le mal ne cesse de croître jusqu'à la vendange , à moins que le tems ne devienne extrêmement favorable , par une juste alternative de pluye & de chaleur.

Le Tacon est une flétrissure causée au bois ou au raisin par des pluyes froides , & principalement par de grosses gouttes d'eau formées de grêle fonduë , qui tombent éparses , lorsqu'il fait chaud , & que le soleil paroit. Il flétrit le grain , brûle le bourgeon , & endommage le bois de telle sorte , qu'on est obligé de couper celui qui en est fortement attaqué , & de ménager beaucoup celui qui ne l'est que légèrement.

Un raisin taconné ne laisse pas de grossir , quand sa queüe n'est pas attaquée , mais les grains se desséchent en partie. Il faut les éplucher , en vendangeant , pour éviter l'âcreté qu'ils communiqueroient au vin , dans la cuve.

CHAPITRE SECOND.

Des Maladies de la Vigne.

L Es Maladies de la vigne font la Roüille, l'Ortiage & la Gale.

LORSQU'UNE vigne eft attaquée de la Roüille, fes feüilles paroiffent fatiguées, penchantes, & d'un verd foible. C'eft un commencement d'Ortiage.

DANS l'Ortiage les feüilles font étroites & jaunes, au lieu d'être larges & vertes.

L'ORTIAGE vient, ou de trop d'humidité, ou de trop de féchereffe. D'humidité, dans les fonds de terre qui retiennent l'eau. Les racines s'y émouffent & s'y pourriffent, & par conféquent ne peuvent nourrir leur Cep. De féchereffe, quand il y a trop peu de terre fur le foulage, ce qui fait également languir le Cep, faute de nourriture.

LA vieilleffe feule, ou quelquefois les façons mal données, produifent ces mêmes effets, dans toute efpéce de terroir.

S i ces accidents proviennent purement de la vieillesse de la vigne, le seul reméde est d'arracher & de replanter.

S' i l s proviennent de mauvaise culture, on peut la retablir par des façons mieux données, & en tems convenable.

S i c'est l'humidité du terrein qui les occasionne, le mal est sans reméde, & le fond ne doit plus être censé propre à nourrir de la vigne.

S i c'est par la sécheresse du terroir, on peut absolument y remédier, par des terres neuves prises dans des étangs, ou des fosses. La terre y prend un caractère d'humidité qu'elle conserve long-tems.

L a Gale est une espéce de gomme séche, qui se forme sur la souche. Elle est causée par l'extravasion de la séve, qui n'a pas la force de monter plus haut, & qui s'y arrête. Les vignes plantées dans des terres légères & humides, sont sujettes à cette espéce de maladie.

I l faut couper sur la souche les brins qui sont attaqués de la Gale, & si la souche languit l'année suivante, il faut l'arracher & la remplacer par fosse, sautelle, ou entreplant.

CHAPITRE

CHAPITRE TROISIÈME.

Des Inſectes qui endommagent la Vigne.

ARTICLE PREMIER.

Des Gribouris.

LÉs Gribouris ſont les plus dangereux de tous. Ces Inſectes ont la figure & la couleur des hannetons, mais ils ſont beaucoup plus petits, & preſque imperceptibles. Ils commencent à ſortir de terre, lorſque le bourgeon eſt déjà grand. Ils le broutent, percent les feüilles, & fendent le raiſin, pour en tirer le ſuc. Vers la fin d'Août, ils rentrent en terre, & y rongent les racines de la vigne, pendant tout l'Hiver & une partie du Printems.

QUAND la vigne en eſt attaquée, on le reconnoit principalement à ce que ſes feüilles ſont percées comme un crible. C'eſt leur ouvrage de l'Été. De plus, ſon bois eſt court & menu, ſon fruit rare & mal-conditionné : ce qui provient de ce que ſes racines, ayant été rongées par ces Inſectes

H

pendant tout l'Hiver , la féve fe perd par ces playes , & ne peut fuffire à nourrir fon Cep, qui enfin périt.

L e s terres légères y font plus fujettes. Les terres fortes le font moins , parce qu'é-tant plus ferrées, ils ont plus de peine à y entrer.

O n a tenté plufieurs moyens pour les dé-truire , mais ils n'ont pas réuffi.

Q u e l q u e s - u n s ont laiffé leurs vignes fans aucun labour, pendant une année, afin de laiffer durcir la terre , pour leur en rendre l'entrée & la fortie plus difficiles ; n'omettant d'ailleurs aucune des autres fa-çons. Mais le défaut de culture n'a fait qu'a-joûter un nouveau mal à celui, auquel ils vouloient remédier.

D'a u t r e s ont mis de la fuie au pied des Ceps, pour les en éloigner, & n'ont pas eû plus de fuccès.

L e s pluyes froides, en Été , font la feule caufe de leur deftruction. Au defaut de ce reméde naturel, on n'en connoit pas d'au-tre , que d'arracher la vigne, qui en eft atta-quée , & de la laiffer repofer plutôt deux ans qu'un. Alors ils périssent faute d'aliment, ou ils vont chercher à vivre ailleurs.

ARTICLE SECOND.

Des Urbecs, ou Coupe-bourgeons.

LES Urbecs font de petits Insectes tout ronds. Les uns font verts, & ce font les mâles. Les autres font bleus. Ils paroissent fur terre, lorfque le bourgeon a environ un demi-pied de longueur. Ils s'y attachent, le coupent, & enfemble le raifin.

ILS pondent leurs œufs fur des feüilles qui fe vrillonnent, & deviennent féches & pendantes.

ON eft quelquefois obligé d'éplucher les Urbecs, eû égard à leur grande quantité & au tort qu'ils font à la vigne. On prend pour cet ouvrage des femmes, à la journée. On met une main fous la feüille, où on les apperçoit, pour les recevoir, en tombant, & on leur coupe la tête avec l'ongle. On détache les feüilles vrillonnées, où font leurs œufs, pour les brûler.

SI un Particulier entreprenoit feul cet ouvrage, fon travail & fa dépenfe feroient inutiles , parce que les vignes voisines qui en seroient infectées, comme les siennes, lui en fourniroient bientôt d'autres.

LA Police a fait quelquefois publier des Ordonnances, pour obliger tous ceux d'un même canton, qui en avoient dans leurs vignes, à prendre tous ensemble du monde, pour les détruire.

ON a essayé contre ces Insectes un reméde qu'on prétend qui a réussi. On plante sur le milieu de chaque poüée quelques grains de Chenevi , à dix ou douze pieds de distance, en commençant par les bouts de la poüée. On prétend que l'odeur de cette plante les force à s'éloigner , ou les fait périr. Mais afin qu'elle ne nuise pas à la vigne , il faut l'arracher , lorsqu'on peut présumer qu'il n'y a plus à craindre qu'ils reparoissent.

LES Vers , qui s'attachent au raisin , lorsqu'il est en fleur , sont éclos , à ce quelques-uns prétendent , des œufs des Urbecs. Quoiqu'il en soit, ces Vers enveloppent le raisin d'une toile fine , comme celle de l'A-raignée , le sucent , & le coupent.

C'EST un tems frais & humide, qui fait trainer la fleur en longueur. Un tems fec & modéré, qui rend la fleur prompte, les fait périr. Ceux qui réfiftent, ne quittent guère le raifin, jufqu'à la vendange.

DANS les vignes qui en font attaquées, il faut vendanger, quelques jours plutôt que d'ordinaire, pour donner au vin une petite pointe de verd. Autrement, il eft fujet à devenir gras.

ARTICLE TROISIÈME.

Des Hannetons, & autres Infectes.

LES Hannetons ne broutent pas moins la vigne, que les arbres. Après avoir paru environ un mois, ils tombent à terre, où ils font leurs œufs, qui éclofent quelques jours après, & produifent de petits Vers appellés *Turcs*, qui s'enfoncent peu à peu en terre, & y rongent les racines de la vigne, jufqu'à ce qu'ils en fortent, pour reprendre la figure de Hannetons.

C'EST vers le commencement de Mai que ces Turcs fortent de terre. Et quand le froid ou la féchereffe les empêche d'en fortir, dans ce tems, la vigne en fouffre davantage, parce qu'étant plus gros, ils ont plus de force, pour en ronger les racines.

CES Turcs s'attachent furtout aux jeunes Plantes, dont la racine eft plus tendre, & fouvent les font mourir. C'eft ce qu'on a reconnu fûrement, en déterrant quelques-unes, qui en étoient mortes, les ayant trouvé attachés à leurs racines.

QUAND il ne paroit point de Hannetons, ou qu'il n'en paroit que peu, il eft dangereux de planter, furtout dans les terres douces, où ces Turcs entrent plus aifément que dans des terres fortes.

ON prétend néanmoins, que même dans ces années, où il ne paroit point de Hannetons, fi, en plantant, on prend la précaution de mettre une poignée de fuie, fur chaque brin, après l'avoir couvert de deux ou trois doigts de terre, elle éloigne les Turcs, par fon amertume, & en garantit la Plante, qu'ils endommageroient, fans cela.

IL y a quelquefois des Hannetons en fi grande quantité, qu'on eft obligé de prendre du monde, pour les détruire. Le tems propre à cet ouvrage eft le matin, dès la pointe du jour ; jufqu'à ce que l'air commence à s'échauffer , parce qu'alors ils prennent leur volée. On les trouve auparavant endormis fur les feüilles. On les met , à méfure , dans un vafe , pour les brûler enfuite,

✤✿✤-✤✿✤

L e s Limaçons s'attaquent auffi au bourgeon, lorfqu'il commence à paroître , & enfuite au raifin, lorfqu'il approche de fa maturité. Ils rongent le bourgeon naiffant , & laiffent , fur le raifin mûr , qu'ils fucent , une bave, qui contribue à rendre le vin gras.

O n les trouve principalement dans les vignes , qui font voifines des hayes , ou des murs , parce qu'ils y ont leurs retraites. Il faut les y chercher. On les trouve plus sûrement épars, après une pluye chaude , ou une forte rofée , qui les en fait fortir.

D a n s la préfente année (1770) quelques cantons de ce Vignoble s'en font trouvés tellement attaqués , au Printems , qu'on y a loüé des femmes , à la journée , pour les ramaffer , & préferver ainfi la vigne du dommage, qu'ils commençoient à y caufer.

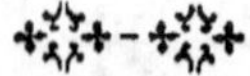

LES Chenilles broutent pareillement le bourgeon, dès qu'il commence à paroître. Comme elles viennent ordinairement des arbres, ou des hayes voisines, il faut les écheniller, pendant l'Hiver, lorsque les œufs de ces Insectes font encore renfermés dans leurs fourreaux.

OUTRE ces œufs enfermés dans les fourreaux, il s'en trouve d'autres entortillés autour des branches, fans fourreau, & en petits cordons qui forment une efpéce de dé. Ils échappent plus facilement à la vüe. Mais il n'y en a jamais affés de cette nature, pour caufer un dommage confidérable.

IL eft une efpéce de Chenille qui fort de terre, au Printems, & y rentre fur la fin de l'Automne. On ne peut les détruire, qu'en les épluchant, fi-tôt qu'elles paroiffent.

CHAPITRE QUATRIÈME.

Du Dommage que les Arbres Fruitiers caufent à la Vigne.

LES Arbres fruitiers nuifent à la vigne, 1°. Parce qu'ils la couvrent de leur ombre, qui la prive des rayons du foleil, & des influences de l'air. 2°. Parce qu'ils épuifent le fuc de la terre, & la mettent hors d'état de nourrir eux & la vigne enfemble.

LE Noyer y eft le plus contraire, ayant la tête plus forte, les feüilles plus larges, les racines plus étendues.

L'OSIER lui nuit beaucoup, furtout lorfque les fouches font groffes. Il eft aifé de s'en appercevoir par le mauvais état des Ceps, qui l'environnent. Les Propriétaires ne doivent pas en fouffrir dans leurs vignes. Il n'eft utile qu'aux Vignerons, à qui ils ne font pas obligés d'en fournir.

L ORSQU'IL plait à un voisin d'en planter dans sa vigne, ce ne doit jamais être sur le bout de la poüée. On seroit en droit alors de le lui faire arracher, parce qu'il procure à son voisin le dommage, qu'il veut éviter pour lui-même. Le plus près qu'il puisse le planter, est entre les quatre premiers Ceps de sa poüée.

O N peut, sans conséquence, planter aux quatre coins d'une Piéce de vigne isolée, ou des Pêchers, ou des Coignassiers, parce qu'ils s'étendent peu, soit par leur tête, soit par leurs racines ; & cela, plutôt afin de les reconnoître plus aisément, & pour servir de bornes, que pour en avoir le fruit, dont on profite rarement.

L E s Coignassiers, en ce cas, sont préférables aux Pêchers, parce que leur fruit ne mûrit qu'après la vendange. Au lieu que les Pêches mûrissant en même tems que le raisin, attirent des gens qui les cueillent, & qui, en outre, gâtent la vigne, & mangent le raisin.

A parler en général, il est peu avan-

tageux d'avoir à la campagne des fruits d'Été.
Ils font plus fujets à être pillés , parce qu'on
n'y réfide pas , en ce tems. Les fruits d'Automne , ou d'Hiver , font préférables , parce qu'ils fe cueillent dans le tems de la vendange , pendant laquelle on eft tout porté ,
pour y veiller.

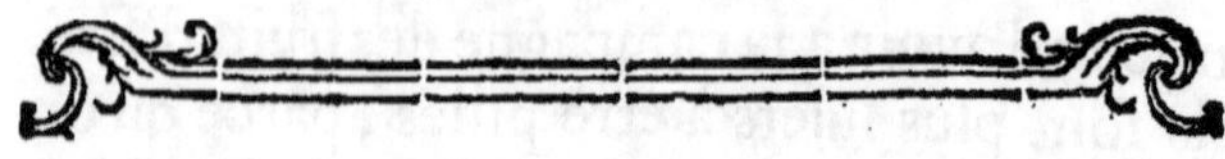

CHAPITRE CINQUIÈME.

Des Bornes & des Hayes.

LORSQU'UNE Piéce de vignes n'eſt pas bornée par des Hayes, il faut veiller à ce que les voiſins n'empiétent pas deſſus, ſurtout quand, après avoir arraché, ils replantent.

POUR obvier à cette uſurpation, il eſt de régle que celui qui arrache, doit laiſſer dans ſa poüée la plus proche du voiſin, au moins trois vieux Ceps, pour ſervir de Bornes, un à chaque bout de cette poüée, & le troiſième au milieu.

QUAND on ne peut borner une Piéce de vignes par des Hayes, à cauſe de ſon peu d'étendüe, on peut planter aux quatre coins des Coignaſſiers, ou des Pêchers, pour lui ſervir de Bornes ; préférant néanmoins les Coignaſſiers, par les raiſons qui ont été déduites au Chapitre précédent.

LES Pêchers, les Coignaſſiers, ainſi que

l'Ofier, doivent être plantés, à cinq pieds du voifin; les Ormes, Chênes, Noyers, à quatre toifes; les Hayes d'Épine blanche à un pied & demi.

C'EST toujours d'Épine blanche qu'il faut planter une Haye. Les racines d'Épine noire s'étendent beaucoup plus, &, par conféquent, nuifent plus à la vigne.

LE plant doit être venu de racines, & non pris fur la fouche. Il doit être gros une fois plus qu'une forte plume d'Oye, avoir l'écorce luifante, & les racines viables.

IL ne faut mêler ni Orme, ni Chêne, avec l'Épine. Ces Arbres l'étouffent, & la dégarniffent du pied, outre que leurs racines pénétrent au loin dans la vigne, & lui nuifent confidérablement.

QUAND on veut planter une Haye vive, il faut, vers le commencement de Septembre, ouvrir une tranchée d'un pied & demi de profondeur, pour que la terre

puiſſe s'ameublir , juſques vers la fin de Novembre , où on doit la planter.

On laiſſe ordinairement , en plantant
une Haye, trois à quatre pieds de terre, entre la vigne & la haye , pour en éloigner
les racines. Cette terre vuide s'appelle
Recève.

On doit, en plantant, couder les brins,
& porter l'embiaiſement du côté du Maître.
C'eſt la preuve qu'elle lui appartient. Quand
elle eſt plantée droite, ou coudée moitié
d'un côté, moitié de l'autre , elle eſt jugée
commune entre les deux voiſins , lorſqu'il
ſurvient entr'eux quelque conteſtation , à
ce ſujet.

Il faut mettre , en plantant , quatre pouces,
au moins , de diſtance , entre chaque brin.

Il faut ſurtout éviter d'enterrer du
chiendent avec l'Épine , que l'on plante. Il
deviendroit indeſtructible.

Quand la Haye d'Épine eſt plantée ,
on fait au devant une autre Haye de charniers entrelaſſés d'épines ſéches , pour em-

pêcher qu'elle ne soit broutée par les ani-maux. Les charniers doivent être liés avec du fil de fer. Si on les lie avec de l'osier, il se pourrit, & la haye est bientôt détruite.

U N E Haye nouvellement plantée doit être labourée, au moins deux fois chaque année ; & au moyen de ces soins exactement pris, elle doit être forte, à son quatrième bourgeon.

Q U E L Q U E S-U N S la coupent au pied, deux ans après qu'elle a été plantée, pour la faire repousser plus vivement. Mais il suffit de la tondre au ciseau dessus & des deux côtés.

P O U R qu'une Haye, jeune ou non, soit toujours propre, forte & garnie du pied, un moyen sûr est de la tondre deux fois l'an ; sçavoir, vers la saint Jean, & quel-ques semaines avant la vendange.

O N ne doit pas laisser monter une Haye ainsi cultivée plus haut que trois à quatre pieds. Si elle est plus haute, elle nuit à la vigne. Elle lui fait ombre dans l'Été, & l'al-tére dans les grandes chaleurs, parce qu'elle arrête le vent, qui rafraichiroit la furface de la terre , & la vigne. Elle contribue , en outre , à occafionner la gelée , au Printems, fur les vignes , qui en font voifines.

Avant l'Hiver , ou du moins au Printems, il faut labourer les Recèves avec la bêche. Outre que la Haye en profite mieux , on empêche encore que fes racines ne s'étendent trop du côté de la vigne.

LE MANUEL

LE MANUEL
DU CULTIVATEUR
DANS LE VIGNOBLE D'ORLEANS.

QUATRIEME PARTIE.
De la Vendange.

CHAPITRE PREMIER.
Des Préparatifs de la Vendange

Du Preſſoir.

QUAND il y a de groſſes réparations à faire aux Cuves, aux Anchots, à la Fouloire, au Preſſoir, il ne faut pas attendre à les faire, près du tems de la vendange. Les Tonneliers &

I

les Charpentiers font alors trop furchargés de ces fortes d'ouvrages. On rifque d'en être mal fervi, & on les paye plus cher. C'eft, en Mai & Juin, qu'il faut y faire travailler, par les raifons contraires.

S'i l s'agiffoit de faire un Preffoir neuf, la diligence feroit encore plus néceffaire.

On donne dans ce Vignoble le nom d'*Anchot* à un vaiffeau rond, comme une cuve, mais de moindre capacité. Les cuves tiennent ordinairement dix à douze poinçons de vin, avec leur Marc. L'Anchot eft une efpéce de demi-cuve qui tient trois à quatre poinçons de vin, ou avec, ou fans fon Marc.

L'*A n c h e* eft un autre vaiffeau ovale, qui tient d'ordinaire un poinçon & demi, fans marc. On la place fous la Tuyelle du Preffoir, pour recevoir le vin, qui en découle.

L a Fouloire fera décrite ci-après, en fon lieu.

L e s Preffoirs à deux arbres étoient an-ciennement prefque les feuls qu'on emploiât dans ce Vignoble. Mais, à méfure qu'ils se détruisent, on ne les remplace plus, que par des Pressoirs à roüe.

La différence essentielle de ces deux Pressoirs consiste en ce que les principales piéces du premier font deux gros arbres équarris, dont l'un, placé sous la Met, soutient l'effort de l'autre, dans la pression ; tandis que cet autre assujetti par un bout, mobile par l'autre bout, dans lequel entre une Vis, s'abaisse, au moyen de cette Vis, pour presser les raisins foulés, qu'on appelle communément *le Marc*, & en exprimer le jus.

Le second Pressoir n'a qu'un gros arbre, sous la Met, & celui de dessus est remplacé par une piéce de bois de médiocre grosseur, qu'on appelle *le Balancier.*

Ce Balancier embrasse dans le milieu & par le travers du Pressoir, tous les Ais ou Planches qui couvrent le Marc. Il est suspendu, par une Cheville, à une Roüe, qui tient à une Vis engagée dans son écrou.

Cette Roüe descend, pour presser le Marc, par le moyen d'un Cable, qui y est attaché d'un bout, & de l'autre à un Pivot.

Ce Pivot, éloigné du Preſſoir de deux à trois toiſes, tourne par la force de deux leviers, que conduiſent quatre hommes appliqués aux quatre bouts de ces leviers, qu'on appelle communément *les Demoiſelles.*

Il eſt vrai que les Preſſoirs d'ancienne fabrique preſſent plus fortement le Marc, & qu'on y peut faire, à la fois, une plus grande quantité de vin. Mais les autres preſſent ſuffiſamment, & on peut les conſtruire aſſés grands, pour faire, chaque fois, au moins dix à douze Piéces de vin, ce qui ſuffit

Ce qui a dégoûté des Preſſoirs à deux arbres, eſt que, 1°. Ils coûtent beaucoup plus à conſtruire. 2°. Ils ſont plus difficiles à gouverner. 3°. Ils occupent beaucoup plus de place. 4°. Les réparations en ſont beaucoup plus diſpendieuſes.

Souvent même une réparation faite en occaſionne bientôt une autre, parce que ces Preſſoirs n'étant compoſés que de grandes piéces, une piéce neuve cauſe, par ſa roideur, la rupture d'une vieille, qu'il faut rétablir encore.

Des Liens.

DANS les années abondantes, où il faut beaucoup de vin, pour les hoteurs & les autres hommes qui fervent à la vendange, furtout lorfque le vin eft actuellement cher, quelques Propriétaires font faire ce qu'on appelle *des Liens.*

POUR cela, on prend un poinçon à gueule-bée, on l'emplit de raifins, aux deux tiers, on les foulange, on acheve d'emplir d'eau le poinçon, on l'enfonce enfuite, on le place fur la lie, on le tient débondonné, & pour qu'il bouille plus promptement, on y met une ou deux pintes d'eau-de-vie.

CETTE opération fe fait huit à dix jours avant la vendange. On choifit les raifins, non les plus mûrs, mais ceux qui ont encore un peu de verd, de crainte que la douceur ne rendit cette Boiffon moins potable.

Des Cuves & autres Fûts.

HUIT à dix jours, avant la vendange, il faut entalüer les Fûts neufs, rétablir les vieux, rebattre les Cuves & Anchots, & quelques jours après, ferrer les Aiguilles du Pressoir. Il faut, de plus étendre, les Ais du Pressoir sur la Met, y jetter de l'eau pour les nettoïer & les abreuver, après avoir préalablement bouché la Tuyelle. On abreuve également les Cuves, Anches & Anchots. On jette cette eau, la veille de la vendange, & on y en met de nouvelle, à plusieurs fois, jusqu'à ce qu'elle sorte claire.

AFIN qu'il ne reste point d'eau dans les Cuves, lorsqu'elles doivent recevoir les raisins, on les tient un peu panchées du côté de la Met du Pressoir. On se sert, en outre, d'une éponge, pour en tirer jusqu'à la dernière goutte. On s'en sert également, pour égouter la Cuve, lorsqu'on la vuide sur la Met, après que le vin y a cuvé.

LORSQU'UN vaisseau a contracté quelque mauvais goût, depuis la dernière vendange : si, par exemple, il y avoit pourri

quelque animal, Rat, Foüine, ou autre;
pour le purifier, on prend des herbes fortes, telles que la Sauge, le Thin, la Mar-
jolaine, &c. On les fait boüillir dans un
grand chaudron ; on les jette avec l'eau
boüillante dans le vaiſſeau; on le lave &
le frotte par tout , en dedans , avec ces
herbes, & ſurtout à l'endroit qui en a été
infecté. On rince enſuite le vaiſſeau, à pluſieurs fois, avec de l'eau claire , juſqu'à ce
qu'il n'ait plus abſolument aucune odeur.

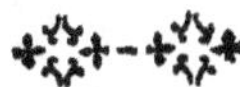

ON ne doit point ſouffrir de fourrage
dans un Preſſoir , ſurtout au deſſus de la
Met, ou des Cuves , de crainte que le feu
n'y prenne , par les chandelles , qu'on eſt
obligé d'y allumer, pour faire le vin , pendant la nuit.

CHAPITRE SECOND.

Des Fûts à mettre le Vin.

ARTICLE PREMIER.

Du Tems le plus propre à acheter les Fûts.

EST-IL avantageux, ou non d'acheter des Poinçons, dès l'Hiver ? C'est un problême que chacun résoud suivant son gout. Voici quelques réflexions, sur ce sujet.

IL est certain, qu'en Hiver, l'ouvrier les donne au plus bas prix, & se contente d'un profit médiocre, parce qu'alors on les lui paye comptant, & qu'avec l'argent qu'il reçoit, il achéte lui-même, à meilleur compte, de nouveaux matériaux, pour en construire une plus grande quantité, qu'il espére vendre plus cher dans la suite.

CET avantage est balancé par les accidents auxquels la vigne est sujette, de la gelée d'Hiver, ou de Printems, & ensuite de la grêle & de la coulure.

CAR alors on se trouve chargé de Poinçons qui deviennent inutiles, pour cette année, qui ne sont jamais si bons, l'année suivante, que l'on a payé deux ans d'avance, & qu'en outre, l'ouvrier n'est plus tenu de garantir.

A parler en général, plus on les achéte près de la vendange, plus on les paye chérement. Cependant, dans les années médiocres, leur prix n'augmente pas assés considérablement, pour obliger à prendre de grandes précautions à cet égard.

DANS le cours ordinaire, il peut suffire de s'en pourvoir, lorsque le danger de la coulure paroit fini, & de ne pas attendre plutard. On évite par-là les deux extrêmités.

L'EMBARAS est plus grand dans les années abondantes. Dans ces années-là, aussi-tôt après le danger de la coulure échapé, & même, dès que la vigne entre en fleur, par un tems favorable, le prix des Poinçons augmente, & ne cesse d'augmenter, même excessivement, jusqu'à la fin de la vendange. On les a vû si chers alors, que leur prix égaloit & surpassoit même celui du vin, qu'ils contenoient.

LORSQU'UNE vendange abondante paroit s'annoncer par une forte levée, le parti le plus raisonnable seroit donc, ce semble, d'achéter, après le danger des gelées passé, & avant la fleur, la moitié des Poinçons dont on présume qu'on aura besoin pour la vendange; & l'autre moitié, immédiatement après que le danger de la coulure paroit fini. Par-là on éviteroit, autant qu'il est possible, l'inconvenient d'en achéter trop, ou trop peu, & on les auroit à un prix modéré.

OUTRE le danger auquel on s'expose, dans ces années-là, de les payer trop cher, en les achétant trop-tard, on court risque encore de les avoir très-mal ouvragés, parce que les maîtres sont obligés de se servir de tous ouvriers bons & mauvais, qui travaillent avec précipitation, pour gagner davantage, leur travail étant chérement payé.

AJOUTÉS à cela que sur la fin, on emploïe, par une espéce de nécessité, le bois de rebut, conjointement avec le bon. D'où il arrive que, même en veillant soigneusement son vin, après la vendange, on en perd toujours beaucoup.

LES Poinçons furtout, qu'on appelle *de renfort*, font plus fujets que les autres à cet inconvenient, comme étant les derniers fabriqués.

IL eft bon de faire voiturer les Poinçons à la campagne, quelque mois avant la vendange. Ils ont le tems de s'arrondir & de s'affermir fur leurs joints, jufqu'à ce qu'on les entalüe.

IL ne faut les faire entalüer que huit ou dix jours avant la vendange. Ils s'en trouvent mieux étanchés, lorfqu'il faut les emplir, n'ayant pas eû le tems de fécher & de fe lâcher.

IL eft mieux que celui qui les a vendu les faffe voiturer lui-même. Il eft refponfable de fon voiturier, & du dommage qu'il pourroit occafionner.

ARTICLE SECOND.

De la Qualité des Fûts.

LES Poinçons, ainfi que les Quarts, ou demi-Poinçons, doivent être de bois de Chêne neuf, fans bois rouge, ni verger, tant dans la cerche que dans les fonds. On en excepte cependant la doile, ou douve de la bonde, qui peut être de bois rouge. C'eſt un abus; mais il eſt autoriſé par les Statuts des Tonneliers.

QUAND un Poinçon a des doiles fen-duës, autrement dit *coffinées*, il eſt confiſ-cable, & le vendeur reſponſable du dom-mage, qui en peut arriver.

LE bois gras fait toujours vin. Ce vin, qui bave, brûle les cercles, & met le Poin-çon en danger. Les artuiſons, les défauts du bois, le goût de fût, ſont ſur le compte du vendeur. Il en eſt reſponſable au moins juſqu'à la ſaint Martin; quelques-uns même prétendent juſqu'à la ſaint André.

LORSQU'EN doilant le bois, on le décharge trop, des Poinçons ainſi affamés tiennent plus de vin, quoiqu'à l'extérieur ils ne paroiſſent pas plus gros. D'ailleurs, la doile, qui ſe trouve trop mince, eſt ſu-jette à ſe coffiner, ſurtout lorſqu'on rebat les Poinçons, n'étant plus aſſés forte, pour ſoutenir les coups frappés par l'ouvrier.

QUAND le Traverſin, ou Merrin, eſt

large , on peut bâtir un Poinçon à quatorze doiles. Il n'en eft pas moins bon à quelques doiles de plus. Plus la cerche a de doiles , plus le Fût eft rond , & plus il tient de vin.

L e s fonds de trois ou quatre piéces font les meilleurs. Ils font encore recevables à cinq , & non à plus.

L e Poinçon doit avoir de longueur extérieure deux pieds & demi de Roi, y compris les jables.

L e Jable eft le bout extérieur de la doile qui excéde le fond , & par léquel on faifit le Poinçon , pour le remuer.

Chaque jable doit avoir deux pouces, quatre lignes , y compris la rainure. Ainfi la longueur intérieure , entre les deux jables, doit être de vingt-cinq pouces , quatre lignes.

L a groffeur extérieure du Poinçon , à l'endroit de la bonde , doit être de fept pieds jufte. Il doit contenir deux cens dix à deux cens douze pintes , la lie comprife , méfure d'Orleans , qui équivalent à deux cens quarante-cinq pintes, méfure de Paris; la méfure d'Orleans étant plus forte d'un fixième. Car ces deux méfures font entr'- elles dans la proportion de cinq à fix.

Le demi-Poinçon, ou Quart, doit avoir deux pieds de longueur, cinq pieds & demi de tour, à l'endroit de la bonde; un pied & demi de fond entre les jables. Chaque jable doit avoir un pouce dix lignes, y compris la rainure. Il doit tenir cent cinq à cent fix pintes, la lie comprife.

LE Quart, quoique demi-Poinçon, eft nommé *Quart*, parce qu'en même tems, qu'il contient la moitié du Poinçon, il eft le quart du Tonneau, qui eft compofé de deux Poinçons.

UN Poinçon doit être lié de dix-huit cercles, quatre fur chaque bande, cinq fur chaque bout. Il n'eft pas recevable, fans cela. Un Quart doit en avoir quatorze, & un demi-Quart autant.

LA Roüelle de cercles eft compofée de vingt-quatre; la demi-Roüelle de douze. Les grands cercles pour les Cuves & Anchots se vendent par Sixain, composé de six cercles, comme leur nom l'annonce.

Le Cercle doit être ou de Chêne, & c'est le meilleur, ou de Bouleau. Le Chateignier est meilleur encore; mais il est très-rare. La meilleure espéce des cercles de Cuve vient du Pays-haut, depuis Roanne jusqu'à Nevers. On se sert encore de celui de Sologne, mais il n'est pas si bon.

Il seroit beaucoup mieux de se servir de cercles de fer, pour les Cuves & Anchots. La dépense en est plus forte, mais elle seroit faite une fois, pour toujours; au lieu que l'autre se rénouvelle souvent.

Quand on employe de vieux Fûts, on les lave d'abord avec deux ou trois pintes d'eau boüillante, après avoir exactement fermé la bonde. S'ils ont quelque défaut, artuison, encoignure, ou autre, il s'annonce par le siflement de l'air, que la chaleur raréfie, & qui en cherchant à sortir, marque l'endroit du défaut. On le rince ensuite avec de l'eau fraiche, à plusieurs fois, jusqu'à ce que cette eau en sorte claire & nette. On s'assure, en outre, par l'odorat, s'il ne lui reste point de mauvais goût.

IL feroit bon de prendre la même précaution pour les Fûts neufs. Elle décou-
vriroit également leurs défauts, s'ils en
avoient quelqu'un. De plus, cette eau for-
tiroit jaune, & la teinture, qu'elle détache, ne fe mêleroit pas avec le vin.

ON fe contente ordinairement de les
laver, avec de l'eau fraiche, qu'on y laiffe
féjourner quelques heures, pour les abreuver, & furtout pour étancher les fonds,
fur lefquels on les retourne, & dont elle
gonfle le bois. Ce qui ne procure pas les
autres avantages de l'eau boüillante. La
longueur de cette opération eft la feule
raifon qui détourne de l'employer, furtout
dans les fortes années.

CHAPITRE

CHAPITRE TROISIÈME.

Du Tems de Vendanger.

LE tems de vendanger eſt lorſque le raiſin eſt parvenu à une maturité parfaite. On ne peut, ſans cela, faire de bon vin.

On connoit qu'un grain de raiſin eſt mûr, lorſqu'après l'avoir détaché de la grape, on n'aperçoit point, par deſſous, autour de ſa pointe, un petit œil rouge; & encore, lorſqu'en le tirant, il ne réſiſte pas, mais ſe détache ſans réſiſtance, & comme de lui-même.

Si néanmoins on laiſſe trop mûrir l'Auvernat, il ſe fane, ſon ſuc s'épaiſſit, il rend moins de vin, & ce vin eſt ſujet à devenir gras. Pour éviter cet inconvenient, il faut, ſutout dans les années chaudes, lui laiſſer une légère pointe de verd. Ce verd paſſe inſenſiblement, & ſe tourne ordinairement en force.

Les Vignerons preſſent quelquefois leurs

K

Maîtres de vendanger, afin d'être plutôt maîtres de son preſſoir, pour vendanger leurs propres vignes, à leur commodité : ce qu'ils font d'ordinaire à la longue, par eux ſeuls, ſans prendre de vendangeuſes étrangères. C'eſt par ſoi-même qu'on doit ſe décider, en jugeant de la maturité de ſa récolte.

Q u a n d la fleur à été longue, tous les raiſins ne mûriſſent pas, en même tems, ſur le même Cep ; les premiers défleuris ſe trouvant les premiers mûrs. Dans ce cas, il vaut mieux riſquer d'en perdre quelques-uns, par trop de maturité, en retardant, de quelques jours, ſa vendange. Les autres mûriſſent en attendant, & dédommagent de cette perte, tant pour la quantité, que pour la qualité du vin.

Q u a n d il a plû, près du tems de la vendange, il faut laiſſer écouler quelques jours, après la pluye, avant de vendanger, afin que le raiſin puiſſe en profiter. On s'apperçoit bientôt que les grains groſſiſſent, par ceux qu'on trouve ſous les Ceps, chaſſés par ceux de deſſous.

IL arrive quelquefois, près du tems de la vendange , que de longues pluyes font pourrir une quantité confidérable de raifins, avant que les autres foient en état d'être cueillis. Il feroit dangereux de laiffer aux vignes ces raifins pourris, qui y chanciroient, & donneroient, dans la cuve, un mauvais goût au vin, quelque foin qu'on prît de les éplucher; les vendangeufes n'étant jamais affés foigneufes , pour qu'on puiffe compter, à cet égard, fur leur exactitude.

COMME ce font les raifins les plus mûrs qui pourriffent les premiers, l'expérience a appris qu'on peut en tirer un parti avantageux. Il faut les cueillir féparément, quelques jours avant la vendange. On les décharge immédiatement fur la met du preffoir , fans les faire paffer par la cuve. On les foule tout de fuite , fous le pied, comme les raifins blancs , & on les preffe de même. Le vin en eft bon , & n'a pas plus le goût de pourri, que celui des raifins blancs, qu'on laiffe pourrir exprès , avant que de les cueillir.

COMME c'eft principalement la cuve

qui donne la couleur au vin, ce vin fait à la façon du vin blanc, n'a pas de couleur. On peut aifément corriger ce défaut; & l'on peut toujours ou le vendre, quoiqu'à plus bas prix, ou le garder, pour fon ufage. Ainfi évite-t'on de perdre une partie quelquefois confidérable de fa récolte. L'expérience en eft certaine.

CHAPITRE QUATRIÈME,

De la Manière de Vendanger

L'INSTRUMENT dont les vendageuses se servent, pour couper le raisin noir, est une espéce de couteau recourbé, en forme de serpette, qu'elles appellent *un Lizeau.*

CE Lizeau doit être de bonne trempe & bien affilé. Autrement, l'effort qu'elles font, pour couper le raisin, lui donne une secousse, qui en détache des grains. Ces grains se perdent souvent, parce qu'elles négligent de les ramasser, pour ne pas rester en arrière, ou, du moins, elles perdent du tems à les ramasser.

ELLES pourroient, au lieu de Lizeau, se servir de ciseaux, dont l'action ne cause point d'ébranlement. Mais la queüe du raisin noir, comme étant trop dure, y résisteroit trop. Elles auroient plus de peine, & avanceroient moins. Il suffit de leur recommander d'amasser les grains, & d'y veiller.

ELLES fe fervent de cifeaux, fans inconvenient, pour couper le raifin blanc. Comme
on le cueille dans une faifon plus avancée,
& beaucoup plus mûr, que le noir, puifqu'on attend qu'il commence à pourrir, le
défaut de féve en amollit la queüe, & elle ne
réfifte pas aux cifeaux. On la détache même
fouvent, de la main feule, & fans effort.

LA principale attention des vendangeufes
doit être de choifir les raifins, qu'elles doivent cueillir, pour n'en couper que de mûrs.
Ceux qui ne le font pas, pour la première
cuvée, doivent fe laiffer pour la dernière.

LES raifins fecs font aigrir le vin. Il faut
fe garder de les cueillir, & de les mettre
avec les bons.

LES raifins pourris communiquent leur
goût au vin, en cuvant. Il faut également
les laiffer, quand il y en a peu. S'il s'en
trouvoit une quantité confidérable, il a été
dit, au Chapitre précédent, ce qu'on en
peut faire.

COMME c'eft le grain qui fait le vin,
& non la grape, il faut ramaffer exactement ceux qui font à terre.

IL faut toujours avoir quelqu'un à la suite des vendangeuses, pour leur donner plus d'attention à vendanger soigneusement & exactement. On a quelquefois accusé des Vigneronnes d'en laisser exprès, pour les graper ensuite, à leur profit.

IL ne faut pas employer des enfants à vendanger. Ils n'ont pas assés de force, pour suivre les autres, ni assés de discernement, pour choisir les raisins, qu'il faut cueillir ou laisser. D'ailleurs, ils ne sont pas assés hauts, pour vuider leur boisseau dans la hote. Ainsi, ou ils en perdent, ou ils détournent les autres, pour les aider à vuider.

LES femmes trop âgées n'y sont pas plus propres, par ces mêmes raisons.

ENTRE les vendangeuses, les Vigneronnes doivent être préférées. Elles travaillent mieux, & mangent moins de raisins. Les Beauceronnes sont plus lentes, mais sobres & tranquilles. Les femmes de la Ville ont la réputation de travailler peu & mal, de détourner les autres par leur caquet, & de consommer beaucoup de raisins. On en a même quelquefois accusé d'en cacher, pour les emporter. Aussi communément ne les employe-t'on que dans le cas de néceffité.

On ne doit mettre les vendangeufes en ouvrage , qu'après le foleil levé , pour donner le tems à la rofée de fécher. Elle nuit à la qualité du vin.

S'il furvenoit de la pluye , on les fait ceffer , par la même raifon. Dans ce cas , on n'eft obligé de les payer , qu'à proportion du tems , qu'elles ont travaillé. Si c'étoit aux environs de midi , on les fait diner , avant de les congédier.

Il eft avantageux de bien nourrir les vendangeufes. Autrement elles fe dédommagent fur le raifin , & ne travaillent que lâchement. Il faut les faire déjeûner avant que d'aller en ouvrage. Elles ne doivent point emporter de pain dans les vignes. S'il en tomboit dans leur boiffeau , il feroit aigrir le vin. L'heure de leur diné eft midi , la fin de leur travail au foleil couchant.

En les congédiant , à la fin de la journée , on donne à chacune environ trois quarterons de pain , outre le prix dont on eft convenu , pour le travail de leur journée.

ON a quelquefois accufé les Vignerons, qui vont loüer des vendangeufes, à la place, pour leurs Maîtres, d'y mettre eux-mêmes l'enchère, afin de gagner plus, pour eux, pour leurs femmes, & pour leurs enfants. Il eft des Pays où la Police employe, pour empêcher cet abus, des moyens qui ne font pas en ufage en celui-ci. Seulement quelques Propriétaires y vont eux-mêmes, ou y envoyent des domeftiques affidés, qui n'ont pas le même intérêt, que les Vignerons.

LORSQUE le Preffoir eft trop éloigné des vignes, que l'on vendange, on fe fert de bêtes de fomme, ou de charretes, pour y tranfporter les raifins dans des vaiffeaux à gueule-bée.

S'IL eft proche, ce font des hommes, qui les portent dans des hotes enduites de poix, en dedans. On doit les abreuver d'eau, quelques jours avant que de s'en fervir, pour s'affurer qu'elles font bien étanchées.

LA grandeur de ces hotes devroit être réglée par la Police. On fe plaint conti-nuellement que les Vignerons la diminuent, pour être moins chargés. Il en coûte plus aux Propriétaires, parce que les hoteurs portant moins de raifins, à chaque voyage, il en faut prendre un plus grand nombre.

L e s hoteurs fe payent ordinairement un quart & quelquefois un tiers plus que les vendangeufes. Ce prix dépend du nombre plus ou moins grand, qui s'en trouve, fur la place, lorfqu'on y va, pour les loüer.

O n fait fouper les hoteurs, avant de les congédier. L'ufage ordinaire eft de leur donner à chacun une demi-pinte de vin, à chaque repas. On ne leur en refufe pas un verre, de tems en tems, après qu'ils fe font déchargés, furtout lorfque la chaleur eft forte, ou qu'il apportent les raifins de loin. Mais il s'en eft trouvé quelquefois, qui ont abufé de cette facilité, jufqu'à fe mettre hors d'état de continuer leur travail.

L e Vigneron ne doit faire fa vendange, qu'après celle de fon Maître. Cette préférence lui eft düe à plus d'un titre, ne fut-ce que parce qu'il prête à fon Vigneron fon preffoir & fes uftenfiles. Par ce moyen, on eft fûr de l'avoir lui-même, pour fon befoin, & que, s'il n'étoit pas honnête homme, il ne groffira pas fa propre vendange, aux dépens des raifins de fon Maître.

D'AILLEURS ce retard ne préjudicie point aux Vignerons , à caufe de la qualité des différents Cepages , qu'ils plantent ordinairement dans leurs vignes , dont les raifins ne mûriffent que longtems après l'Auvernat , & ne fe fanent pas fi promptement.

DANS les années où la vendange traîne en longueur , à caufe de l'abondance , il eft raifonnable de fe prêter à leurs arrangements , pour empêcher que leurs raifins ne fe gâtent aux vignes , faute d'être coupés à tems.

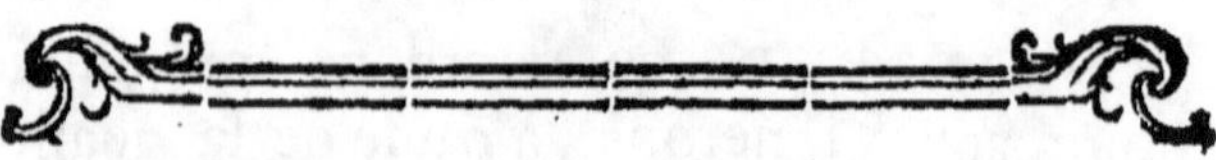

CHAPITRE CINQUIÈME.

De la Manière de faire le Vin.

POUR que le vin rouge foit bien fait, il faut avoir égard à la couleur, & à la force.

LA couleur dépend, 1°. De l'afforti-ment des raifins. 2°. De la manière de les écrafer. 3°. Du dégré de cuve qu'on leur donne. La force dépend particulièrement de ce dernier point.

ARTICLE PREMIER.

De l'Affortiment des Raifins.

NOUS avons, dans ce Vignoble, deux efpéces dominantes de raifins noirs.

LA première efpéce eft l'Auvernat, ainfi nommé, parce que le Plant, à ce qu'on prétend, en eft venu originairement d'Au-vergne. Il eft le même que le Pineau de Bourgogne ; & il y fait, comme ici, le meilleur vin.

OUTRE l'Auvernat-noir, nous avons

encore un Auvernat-gris , qui doit fon nom
à la couleur qui lui eſt propre , & un autre
appellé *Auvernat teint*. On éleve peu de
ces deux derniers, à cauſe de la couleur
trop foible de l'un , & trop foncée de l'autre.

LA ſeconde eſpéce dominante eſt le
Fromenté-noir , autrement dit *Meûnier*,
à cauſe d'un duvet blanc , dont le deſſous
de ſa feüille eſt garni. Le vin en eſt très-
bon , quoiqu'inférieur à l'Auvernat. Il a
moins de fineſſe dans le goût; mais il ſe
ſoutient plus long-tems.

ON cueille, pour l'ordinaire , chacune
de ces deux eſpéces ſéparément, pour en
faire du vin à part ; l'Auvernat mûriſſant
toujours , au moins , huit jours avant le
Fromenté.

LE raiſin d'Auvernat-noir cueilli ſeul &
ſans mélange, fait le meilleur vin du Vignoble. Il a d'ailleurs ſuffiſamment de couleur par lui - même , quand il eſt cuvé à
propos.

IL arrive néanmoins quelquefois que le
Fromenté-noir , ou parce qu'il eſt dans des
terres plus chaudes, ou par la jeuneſſe de

la vigne, fe trouve auffi-tôt mûr que l'Auvernat de vignes vieilles, ou en terres plus froides. Comme c'eft la meilleure efpéce de raifin, après l'Auvernat, on peut dans ce cas, les cueillir en même tems, & les mêler dans la même cuve. Mais on obferve d'y mettre, pour le moins, les deux tiers d'Auvernat. Par-là on lui donne du corps, fans trop altérer fa qualité.

MAIS fi on mêloit avec l'Auvernat, quoique parfaitement mûr, le Fromenté non encore parvenu à fa maturité; outre que celui-ci n'ayant pas acquis la qualité, qui lui eft propre, affoibliroit celle de l'Auvernat, il lui communiqueroit encore une verdeur préjudiciable, qui le déprécieroit beaucoup.

QUAND on a des raifins d'Auvernat, ou Teint, ou Gris, il faut les partager fur les différentes cuvées, pour les égaler en force & en couleur, le Gris étant de couleur plus foible, & le Teint, de qualité inférieure à l'Auvernat-noir.

L'AUVERNAT-BLANC & le Mélier, qui fe trouvent quelquefois mûrs, en même tems que l'Auvernat-noir, & dont on n'a

pas aßés, pour en faire du vin blanc féparément , doivent également fe partager ,
pour ne pas altérer trop la couleur du vin.

LE Samoireau tendre mûriſſant d'ordinaire en même tems que l'Auvernat-noir ,
on peut auſſi les mêler. Mais comme le
Samoireau a plus de couleur & moins de
qualité , il en faut mettre peu.

DANS quelques cantons , ou parce que
le terroir eſt moins avantageux , ou quelquefois même en conféquence du goût de
quelques Particuliers , qui préférent la
quantité à la qualité , il fe trouve , dans ce
Vignoble, pluſieurs eſpéces de raiſins , beaucoup inférieurs à l'Auvernat & au Fromenté , tels que le Gois , *ou Gouais* , le
Gaſcon , & autres.......... Ils fructifient
en effet beaucoup plus ; mais auſſi font-ils
beaucoup plus tardifs , & ne mûriſſent même
parfaitement, que dans des années extrêmement favorables. On en fait néceſſairement
une vendange particulière , dans laquelle
on ne peut mêler que quelques raiſins blancs,
qui fe trouvent mûrs , en même tems. C'eſt
de ce mélange de raiſins inférieurs, que fe
fait le vin, qu'on appelle *Vin de lignage.*

Outre le Samoireau tendre, dont on vient de parler, on trouve dans quelques cantons de ce Vignoble, deux autres espéces de Samoireau, appellés, l'un, *Samoireau dur* ; l'autre, *Samoireau fourchu*.

Ces deux dernières espéces mûriſſent beaucoup plutard que la première, & par cette raiſon, ne peuvent ſe mêler, comme elle, avec l'Auvernat noir.

La qualité principale du vin de Samoireau eſt d'être fort en couleur, & d'être plus propre pour les Rapés.

Quand on fait ce vin ſéparément, un poinçon de Samoireau tendre a aſſés de couleur pour en couvrir un de blanc ; le Samoireau dur en couvre aiſément deux ; le Samoireau fourchu juſqu'à cinq, & même ſix.

On mêle pour l'ordinaire un quart de Mélier dans le Samoireau tendre, ainſi que dans le dur , pour leur donner un montant, qu'ils n'ont pas par eux-mêmes. De ce mélange il ſe fait un très-bon vin.

Le Samoireau fourchu ſe fait ordinairement

ment pur. Il a une qualité supérieure à toute autre pour se soutenir longtems. On le conserve jusqu'à douze & quinze ans, en gros fûts, comme en bouteille. Il est même beaucoup meilleur alors qu'une année ou deux après qu'il a été fait. Il est un reméde spécifique contre la dissenterie, & son marc, contre les rhumatismes.

On plante aujourd'hui peu de Samoireau fourchu. Il fructifie beaucoup, quand il est vieux; mais comme il rapporte peu, jusques-là; quoique son vin se vende beaucoup plus cher que le meilleur du Vignoble, on s'est dégoûté d'attendre un si long tems à être remboursé des frais de sa culture.

ARTICLE SECOND.

De la Manière d'écraser les Raisins.

IL y a deux manières d'écraser les raisins, avant de les pressurer.

LA plus ancienne, mais la moins bonne, est de les fouler dans la cuve. Elle a deux inconveniens considérables.

LE premier est que, peu après qu'on a

commencé de fouler , les grapes à demi écrasées nagent dans le vin, & s'échappent de deſſous les pieds du fouleur ; ce qui oblige à tirer, à tout inſtant, du vin de la cuve, pour le jetter dans un anchot, qu'on place à côté, en attendant qu'on le rejette dans la cuve, quand on a fini de fouler. Cela multiplie les opérations, & le vin s'évente d'autant.

LE ſecond inconvenient eſt que, quel-qu'attention que puiſſe avoir le fouleur, la totalité des grains ne ſe trouve jamais exactement écraſée. De-là, le vin cuve moins bien, & prend moins de couleur, & le marc rend moins ſur le preſſoir.

LA ſeconde manière, qui obvie à ces deux inconveniens conſiſte à placer ſur la cuve une Fouloire, dans laquelle les hoteurs ſe déchargent, en arrivant de la vigne, au lieu de décharger dans la cuve même. Comme on n'y peut fouler, à la fois, que cinq à ſix hotées de raiſin, il eſt aiſé de s'aſſurer ſi tous ſont exactement écraſés ; & le vin tombant dans la cuve, avec les grapes toutes foulées, on n'eſt pas obligé de tranſ-vuider.

La Fouloire eſt une eſpéce de cage dé-
couverte montée ſur un brancard, auquel
elle tient, & qui ſert à la tranſporter. Elle
eſt quarrée, faite de bonnes planches de
chêne, & compoſée d'un fond & de quatre
côtés.

Chaque côté eſt haut de deux pieds.
Le fond eſt troüé comme un crible, & laiſſe
couler le vin, ſans donner paſſage aux grains
& à la grape. Deux de ſes côtés, à l'oppoſite
l'un de l'autre, ont chacun une trape, que
le fouleur leve, tour à tour, pour faire tom-
bér, avec le pied, le marc dans la cuve,
chaque fois qu'il a fini de fouler.

ARTICLE TROISIÈME.

Du Tems que le Vin doit cuver.

C'est en boüillant dans la cuve que le
vin rouge prend ſa couleur. Le jus du raiſin
noir eſt blanc par lui-même. La preuve en
eſt bien certaine par le vin blanc que l'on
tire, en Champagne, de raiſins noirs foulés
ſur le preſſoir, au ſortir de la vigne, ſans
les faire paſſer par la cuve.

Plus le raiſin foulé ſéjourne & boût

dans la cuve , plus il prend de couleur. Celui qui a peu cuvé en a moins , est plus prompt à boire, mais moins propre à garder. Celui qui a trop cuvé , ce qu'on appelle , *être trop forcé en cuve* , a la couleur trop foncée, a perdu de sa qualité , ne se peut boire qu'après plusieurs années , & est âcre & rude. C'est la grape qui donne l'âcreté , & l'écorce la couleur.

L E vin n'est censé parfaitement cuvé que lorsque la force du boüillon a soulevé & porté tout le marc au dessus de la liqueur , vers le haut de la cuve. Sur la fin du boüillon le marc commence à baisser ; & si alors on tarde à le mettre sur le pressoir , en moins d'un quart d'heure , le vin se trouve forcé.

L E vin commence à boüillir dans la cuve plutôt ou plutard , suivant la chaleur du tems , lors de la vendange.

D A N S les années chaudes , il faut prendre garde de se tromper à la cuve ; car le vin boût , dès qu'il est foulé. Mais c'est un faux boüillon qui vient de la chaleur du raisin , & non de la fermentation de la liqueur.

QUAND la vendange eſt tardive, l'air eſt ordinairement froid , lorſqu'on commence à couper les raiſins. Alors on ne décharge point dans la cuve, ou dans la fouloire, avant dix heures du matin, ceux qui arrivent de la vigne. On les dépoſe dans un anchot, à côté de la cuve. Leur fraicheur retarderoit ſon boüillon, s'ils en occupoient le fond, d'où doit partir la chaleur qui la fait boüillir.

DANS ce cas, on foule les premiers ceux qui arrivent après dix heures. Après diné, on reprend, pour les fouler, ceux du matin. On foule par deſſus ceux qui ſe cueillent dans le reſte de la journée. Par-là la fraicheur des premiers ſe trouve corrigée de haut & de bas.

L'AUVERNAT eſt plus prompt à boüillir que les autres Cepages, ayant par lui-même plus de feu. Comme ce feu s'amortit par le boüillon, on attend rarement que ſon boüillon finiſſe totalement, pour le tirer de la cuve, & le mettre ſur le preſſoir. Il perdroit trop de ſa qualité, & prendroit trop de couleur.

COMME il eſt dangereux d'attendre que

le marc commence à baiſſer, pour juger du boüillon de la cuve, parce qu'il eſt facile de s'y laiſſer ſurprendre, & de trouver ainſi ſon vin forcé; que d'ailleurs on laiſſe rarement cuver juſqu'à ce point, ſurtout le vin de la première qualité, on ſe ſert d'autres moyens, pour juger à quel point il ſe trouve.

Q U E L Q U E S - U N S enfoncent un charnier dans la cuve, en laiſſent dégouter le vin dans un verre, & jugent qu'il eſt bon à prendre, lorſqu'*il fait la roüe*; c'eſt-à-dire, qu'il forme, en tombant dans le verre, un cercle d'écume & de boüillon.

C O M M E le charnier enfoncé dans la cuve rapporte trop peu de vin, pour faire aiſément cette expérience, quelques-autres ſe ſervent d'une flûte, ou pompe de fer blanc, double en longueur d'une flûte ordinaire. On plonge d'abord le charnier dans le marc, pour le percer & donner paſſage à la flûte. Elle pompe ſuffiſamment de vin, pour qu'on puiſſe ſe décider par la couleur, l'odeur & le goût de ce qu'elle en a tiré.

QUELQUES - AUTRES encore ſe contentent d'enfoncer la main bien avant dans la cuve, en tirent une poignée de marc, & en respirent l'odeur. Tant qu'il sent la douceur, ils le laissent travailler, jusqu'à ce qu'enfin il donne une odeur forte, & qu'il porte au nez.

D'AUTRES encore mettent au bas de la cuve, ou un simple fausset, par lequel ils tirent du vin, de tems en tems, pour juger du point où il est; ou même, une forte canelle de cuivre, qui sert au même usage, & encore à tirer tout le vin de la cuve, pour l'entonner de suite dans les poinçons, lorsqu'ils le jugent suffisamment cuvé.

COMME ces deux derniers expédients donneroient trop de facilité à un Vigneron infidéle, pour faire tort à son Maître, bien des Propriétaires n'oseroient les employer.

Du Tems de Cuve pour les Raisins égrapés.

DANS les années où la vigne a souffert de la coulure, les grains se trouvant ou trop menus, ou clair-semés sur la grape, il y a pour lors trop de grape proportionnément au grain; ce qui peut occasionner que le vin, en boüillant dans la cuve, prenne de l'âcreté, & en outre, que cette grande quantité de grapes ne boive trop de vin. Pour obvier à ces deux dangers, avant de mettre les raiſins dans la cuve, on en égrape une partie, dont on n'y met que les grains ſans grape.

QUELQUES-UNS ſont dans l'habitude de faire égraper la totalité de leurs raiſins; & dans ce cas, on peut laiſſer boüillir le vin dans la cuve, ſans inquiétude. Il n'y a point à craindre qu'il s'y force, parce que la grape ſeule peut l'occaſionner. C'eſt par la couleur qu'on juge s'il eſt tems de le mettre ſur le preſſoir.

LE vin fait de raiſins égrapés eſt plus délicat, la rudeſſe provenant principalement de la grape; mais il eſt moins ferme, & ne ſe conſerve pas ſi long-tems. Il faut de plus, cueillir le raiſin un peu moins mûr, pour éviter qu'il ne devienne ſujet à la graiſſe.

L'INSTRUMENT dont on ſe ſert pour égraper les raiſins, eſt une grande Corbeille d'oſier ronde, ayant trois à quatre pieds de diamêtre, avec un bord de cinq à ſix pouces de hauteur. Le fond en eſt plat. Les oſiers qui le forment ſe croiſent, & laiſſent en-tr'eux, dans toute ſon étenduë, de petits intervalles quarrés, d'environ un pouce, qui laiſſent paſſer les grains & les écorces, ſans donner paſſage aux grapes.

POUR ſe ſervir de cet Égrapoir, on commence par placer l'anchot près de la cuve. On étend ſur la ſurface de l'anchot, les deux leviers, qui ſervent à tourner le pivot du Preſſoir, qu'on appelle communément *les Demoiſelles*, pour ſoutenir l'Égrapoir. A meſure que les raiſins ont été écraſés dans la fouloire; le fouleur, au lieu de pouſſer avec ſon pied le marc dans la cuve, le prend avec un ſeillon, & le jette dans l'Égrapoir. L'égrapeur frote avec ſes mains les grapes, les unes contre les autres, pour en détacher les grains, qui tombent ſeuls dans l'anchot, & il met dans un autre vaiſſeau placé près de lui les grapes nuës.

QUAND on a fini d'égraper, on rejette dans la cuve tout ce qui ſe trouve dans l'anchot de vin & d'écorces. On met les grapes ſur le preſſoir; on ſe contente de les preſſer une fois ſeulement, pour en tirer ce

qui peut refter de vin. Les grapes d'une
cuvée de dix à douze poinçons, en donnent environ cinquante pintes, qu'on rejette auffi dans la cuve. Quoiqu'il doive
avoir quelque âcreté, cette petite quantité
ne peut nuire au refte, & c'eft toujours
autant de confervé.

CHAPITRE SIXIÈME.

De la Manière de gouverner le Pressoir.

LES poinçons & autres fûts doivent être tout prêts, pour le moment où l'on jugera le vin assés cuvé, pour mettre le Marc sur le pressoir. C'est-à-dire, qu'ils doivent avoir été abreuvés, étanchés, égoutés, placés de rang sur les chantiers, & appuyés, de chaque côté, de bonnes pierres, pour les rendre stables & assurés.

POUR mettre le Marc sur le pressoir, un homme le prend dans la cuve avec un seillon, ou baquet.

POUR transporter ce seillon de la cuve sur le pressoir, quelques-uns n'ont point d'autre méthode que de le faire passer de main en main. Cette manœuvre est longue, fatiguante, & fait perdre beaucoup de vin.

LA meilleure manière est de se servir d'une planche de chêne, creusée d'un bon pouce, dans toute sa longueur, & assés large pour recevoir , dans son vuide , le seillon.

On appuye & on assure cette planche d'un bout , sur le haut de la cuve , & de l'autre bout , sur la met du pressoir.

Celui qui travaille à la cuve , pose sur cette planche le seillon , qui , de son propre poids , coule jusques sur la met , ou un autre homme l'attend , le reçoit , & le donne à un troisième pour étendre le Marc , & l'arranger. L'ouvrage est moins pénible & moins long , & on ne perd point de vin.

On étend le Marc sur la met , de manière qu'il la remplisse entière , à l'exception d'un espace de quatre à cinq pouces , qu'on laisse autour , des quatre côtés , pour servir de canal au vin , qui en doit sortir.

Le Marc ainsi étendu & applani , on le couvre de bonnes planches de chêne , qui doivent le déborder de quelques pouces , dans tout son contour , pour presser égale-ment les bords , comme le centre.

Avant d'étendre les planches , on a dû mettre en travers , sur le Marc , à un pied de distance de chaque bout , deux perches , pour fouténir uniformément les deux bouts des planches, & empêcher qu'elles ne creufent & s'enfoncent dans le Marc. Les Vignerons appellent ces perches, *les Epingles.*

QUAND le Marc eft étendu & arrangé fur le preffoir, on tire le vin qui eft refté dans la cuve, & on le repartit, en égale quantité, fur tous les poinçons, qu'on a préparés, pour le recevoir.

ON y joint celui qui s'égoute du Marc, fur la met, avant qu'on l'ait preffuré, & même celui qui en fort, quand on le preffe pour la premiere fois, qui s'appelle, *la couche de l'arbre.*

ON remplit tous les poinçons de ce premier vin, qui eft le plus délicat, à une hotée près, qui eft d'environ vingt-cinq pintes. Le vuide qui refte dans chaque poinçon, eft fuppléé enfuite par le vin de preffurage, qu'on diftribue fur tous également.

COMME le Marc eft compofé de la grape du raifin, ainfi que de l'écorce de fes grains, le tout étant preffé enfemble, le vin de preffurage eft plus rude que celui de la cuve, mais auffi eft-il plus ferme & plus propre à fe conferver.

C'est par cette double raifon qu'on le partage fur tous les poinçons, & à ce moyen tous ceux d'une même cuvée fe trouvent d'une même qualité.

Deux hommes pourroient abfolument fuffire pour travailler à un Marc, l'un au au devant, l'autre au fond du preffoir. L'ouvrage fe fait mieux, & plus aifément avec trois. Mais un quatrième eft totalement inutile, fi ce n'eft lorfqu'il faut tourner le preffoir, & on trouve, d'ordinaire, affés de monde chez foi, pour cela, fans fe charger d'une dépenfe fuperflüe.

Avant de mettre le Marc fur le preffoir, on a dû graiffer la vis dans toute fa longueur, ainfi que le haut & le bas du pivot. On fe fert pour cette opération, de favon blanc, fec & fans huile ; c'eft celui qui encraffe le moins la vis.

Moins la vis paroit, moins on rifque de la caffer. C'eft pour cela qu'on charge le Marc, par deffus les planches, jufqu'au balancier, de piéces de bois équarries, à plufieurs étages, que les Vignerons nomment les Coüettes, Couffins & Couffinets.

Quand la vis crie pendant les façons, il faut la graisser de nouveau.

En serrant le Marc, il faut marcher lentement, & uniformément, & se reposer de tems à autre, pour lui donner le tems de se fouler.

Le cable, dont un bout tient au pivot, & l'autre à la roüe, doit toujours embrasser la roüe, de deux tours entiers, lorsqu'on commence à serrer, surtout pour la première fois.

Comme le Marc, parce qu'il est tout imbibé de vin, se foule beaucoup plus, & plus promptement, à cette première façon, qu'aux autres qui la suivent, le cable se devide aussi beaucoup plus vite. Il est important d'y avoir l'œil, pour n'y être pas surpris.

Si on négligeoit cette précaution, ceux qui serrent le pressoir pourroient se trouver blessés par la cheville de fer, dans laquelle le bout du cable est engagé par son anneau; parce que cette cheville, mise simplement, à volonté, dans une des jantes de la roüe, reviendroit sur eux avec le cable, s'ils continuoient à tirer, fans s'être apperçu que le cable étoit à fa fin.

Q u a t r e hommes fuffifent, ou cinq au plus, pour tourner un preffoir à grand arbre, ou un grand preffoir à roüe. A en mettre plus, on rifque de faire éclater quelque piéce du preffoir. Ce qui caufe un grand embaras dans le cours d'une vendange.

A p r è s cette première façon, qu'on appelle *la Couche de l'Arbre*, on en donne trois autres, à chacune defquelles on coupe les quatre bords du Marc, & l'on étend fur toute fa furface, ce que l'on a coupé. On le raproche ainfi du centre de la preffion, pour en mieux exprimer le jus.

L e s façons de l'Auvernat doivent fe donner de fuite, & fans retard. Autrement, le Marc s'échauffe, le vin fe confomme, ou s'aîgrit.

A p r è s la dernière façon, on peut laiffer égouter le Marc, douze à quinze heures. Après quoi, on defferre le preffoir, pour ne le pas fatiguer inutilement.

CHAPITRE

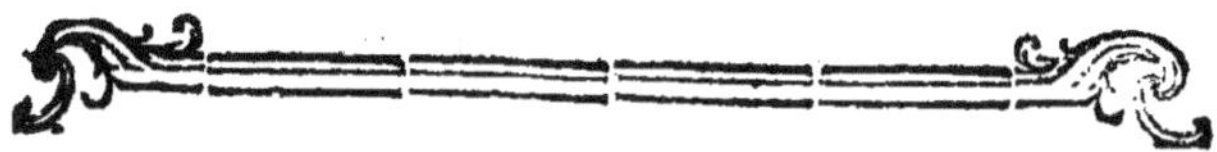

CHAPITRE SEPTIÈME.

De la Manière de gouverner le Vin nouveau.

LE Vin doit boüillir promptement dans les fûts. Il se purifie mieux, est plutôt clair, & plutôt en état d'être goûté. Pour cela, il faut le remplir tous les jours, pendant sept à huit jours, & ensuite de deux jours l'un, jusqu'à ce qu'on le couvre.

DANS les années chaudes, le Vin s'aîgrit, lorsqu'il boût de trop bas.

POUR ne pas perdre le Vin qui sort des fûts en boüillant, on se sert de goutières & d'écuelles. Les goutières doivent être de fer blanc, & non de plomb, qui donne un mauvais goût au Vin; les écuelles, de bois.

LA goutière a une espéce de goulet, qui entre dans la bonde du poinçon, & elle se décharge dans l'écuelle placée entre deux poinçons.

M

UNE écuelle peut servir pour deux goutières.

LORSQUE le Vin boût vivement, il
faut être attentif à vuider les goutières,
pour ne rien perdre.

CE QUI sort du fût dans l'écuelle se met
dans un vaisseau à gueule-bée; on le couvre
d'un linge propre en double, qu'on serre
avec un cercle, pour empêcher qu'il ne s'é-
vente; l'écume & la lie tombent au fond.
Ce qui reste de Vin au dessus est bon, &
peut servir à remplir les fûts.

COMME le premier boüillon ne jette
que l'écume la plus épaisse, & qui n'est bonne à rien; ce n'est qu'après le premier
boüillon, qu'on met les goutières & les
écuelles.

QUAND le Vin a cessé de boüillir, il
faut goûter tous les fûts. On peut dèslors
commencer à connoître si quelqu'un a un
mauvais goût; & il faut, au plutôt, en avertir
le Marchand, qui les a vendus. Il en est
responsable au moins jusqu'à la saint Martin.

DÈS que le Vin a cessé de boüillir, on

le couvre , de crainte qu'il ne s'évente.
On se sert ordinairement pour cela d'une
feüille de vigne avec une tuile dessus,
ou d'un bondon retourné sur son côté le
plus large.

Huit à dix jours après que le Vin a été
ainsi couvert , il faut le remplir & le bon-
donner.

On met , en même tems , à côté de la
bonde , une puette , ou sausset , qu'on laisse
soulevée , pendant quelques jours , crainte
d'accident , si le Vin faisoit quelque effort.

Après que le Vin a été bondonné , il
faut le remplir tous les quinze jours , jusqu'à la saint André , & n'y plus toucher ensuite , jusqu'à la fin de l'Hiver , qui est ordinairement vers la mi-Février.

Quand les fûts sont pleins , pendant
la gelée , comme elle enfle le Vin , elle
peut faire entr'ouvrir les fonds , & faire
perdre du Vin.

Comme on est obligé de débondonner
souvent le Vin nouveau , pour le remplir ;
il est à propos que le bondon déborde sur

la doile, pour faciliter cette opération. On évite par-là de l'entamer, & d'y faire ce qu'on appelle des *Levûres*, en se servant d'une vrille; ou de la cossiner, en frappant dessus.

POUR éviter de débondonner les Poinçons, quand on veut les remplir, quelques personnes se servent d'un expédient nouveau. Outre le fausset ordinaire placé à l'un des côtés de la bonde, pour donner vent au fût, quand il en est besoin; ils en mettent un plus gros, de l'autre côté, au moyen d'une ouverture faite avec une grosse vrille, au point d'y pouvoir introduire le bout d'un entonnoir.

QUAND ils veulent remplir leur Vin, ils levent le gros & le petit fausset. Ils remplissent le fût par la grande ouverture, qui reçoit l'entonnoir. La petite, outre qu'elle sert à donner vent, avertit encore quand le fût est plein.

PAR-LA, comme il est facile d'assurer les faussets, on est sûr que le fût est toujours exactement fermé; la bonde n'ayant point été levée. Or il est certain que plus le fût

eſt fermé exactement, mieux le Vin ſe conſerve; l'air qui pénétre dans les fûts étant
ce qui contribue le plus à le gâter.

ON peut, ſans inconvenient, employer
cette méthode pour le Vin de ſa cave ,
mais non pour celui qu'on veut vendre.
Les Marchands jugent qu'elle donneroit à
des voituriers, dont la fidélité ne ſeroit pas
aſſurée, trop de facilité , pour leur faire
tort.

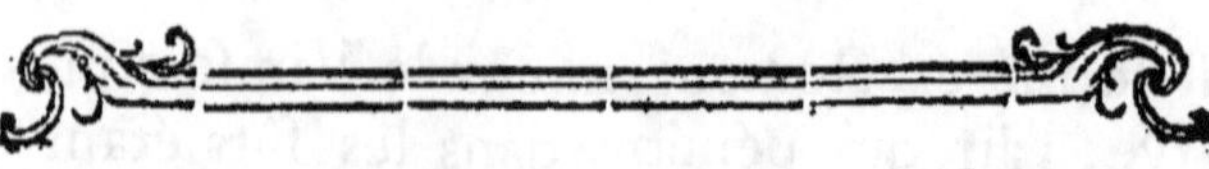

CHAPITRE HUITIÉME.

Du Vin blanc.

LEs Vins blancs font de deux espèces, doux ou fecs.

LES Mufcats, dits Genetins, de Saint-Mefmin, Marigny, Rebrechien, font doux. On cueille le raifin à demi-pourri; on attend, quand on le peut, que la gelée ait donné deffus. Plus l'année a été chaude, plus ces Vins ont de douceur. Ils la confervent plufieurs mois. Quand elle eft paffée, ils font encore très-bons, mais ils ne font plus de fi haut prix.

LES Vins blancs fecs fe font de tout autre Cepage que le Mufcat-Genetin. Le Mélier & l'Auvernat-blanc du Païs-bas font les meilleurs. Le premier empêche le Vin de s'engraiffer; le fecond, le rend plus clair, & a le goût plus gracieux. On y mêle plufieurs efpéces inférieures, telles que *la Framboife*, *le Gamet*, & autres en grand nombre. Mais plus les deux premières dominent, plus le Vin a de qualité.

Dans les terroirs où le Vin blanc eſt ſujet à s'engraiſſer, on lui donne une pointe de verd.

Tout Vin blanc ſe fait ſans cuver. Au ſortir de la vigne, on foule le raiſin ſur la met du Preſſoir, & on l'entonne à meſure, laiſſant, comme au rouge, de la place pour le preſſurage.

On donne quatre façons au Marc blanc, outre la première couche de l'arbre.

Comme le Marc blanc a moins de feu que le rouge, on preſſe moins les façons, pour lui donner le tems de s'égouter.

Quand le Vin blanc eſt devenu gras ou jaune, on rétablit ſa couleur en le broüillant. La meilleure manière eſt de tourner le Poinçon, la bonde en deſſous, après l'avoir aſſurée avec une cheville, pour faire changer la lie de place, & de le remuer fortement, ſans l'ouvrir. On évite par-là d'éventer le Vin : ce qui arriveroit, ſi on le broüilloit, à bonde ouverte, avec un bâton fendu, comme quelques-uns le pratiquent.

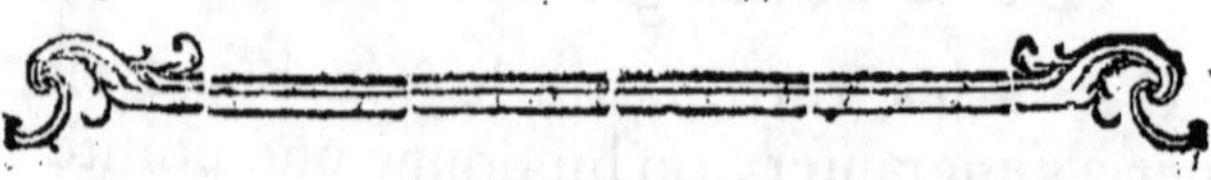

CHAPITRE NEUVIÈME.

Des Raisins d'Espalier.

LES Espaliers sont un des principaux ornements des Jardins, soit en Ville, soit en Campagne. On en revêt les murs, & ils en rendent l'aspect gracieux, tant par la verdure des arbres, que par leurs fleurs, & ensuite par leurs fruits, qu'on y voit croître continuellement, jusqu'à ce qu'on les cueille enfin, au tems de leur maturité. Ils réunissent ainsi l'agréable & l'utile.

LES murs bas, tels que ceux de clôture, étant plus propres pour les arbres fruitiers ordinaires, comme les Pêchers, Abricotiers, &c. on employe pour la vigne les murs les plus élevés, & principalement ceux des bâtiments. Elle les tapisse aisément jusqu'à douze, & même quinze pieds de hauteur.

LES raisins d'Espalier étant plûtôt destinés pour la table que pour la cuve, on y met, par préférence, les espèces dont le goût eſt le plus délicat, & qui ſont plus moüelleux que tendres.

LES principales ſont, 1°. le Muſcat, dit *Frontignan* ; mais plutôt le blanc que le rouge, comme ayant plus de ſaveur. 2°. Un autre Muſcat blanc, dit, *Paſſe-Muſqué.*

LE premier a la grape moins longue, mais groſſe & preſſée de grains arrondis. Il eſt ſurtout recommandable par ſon ſuc ſucré & parfumé ; & en outre, par le beau jaune qu'il prend en mûriſſant, enforte qu'il flate également & la vüe & le goût.

LE ſecond a la grape longue, preſqu'au double du premier. Ses grains ſont gros & allongés. Il a moins de parfum, mais plus de douceur. Il eſt fort ſujet à la coulure. Malgré cela, s'il conſerve ſeulement le quart de ſes grains, ſa grape eſt encore plei-ne & belle, & il n'en mûrit que mieux.

ON fait de l'un & de l'autre d'excellentes confitures. Celle du Paſſe-muſqué eſt néan-moins préférable à l'autre. Elle a plus de douceur dans le goût, plus de fineſſe dans la couleur. Mais en revanche, le Fronti-gnan eſt meilleur, ſéché au four ou au ſoleil.

L a qualité du vin de l'un & l'autre ne répond pas, dans notre climat, à celle de leurs raisins. Aussi en fait-on rarement ; & par cette raison, & parce que n'étant employés qu'aux Espaliers, on n'en a d'ordinaire qu'une quantité médiocre.

L e u r exposition la plus favorable est au midi. Elle leur procure les impressions les plus vives du soleil, qui leur donne & la saveur & la couleur.

O n peut encore les exposer au Couchant, & même au Levant, mais jamais au Nord. Ils y viennent insipides ; leur bonté décroît, à proportion du désavantage de leur exposition.

C e sont encore les Plants de ces deux espéces qu'on choisit préférablement, pour garnir les Treilles faites en espèce de tonnelle ou de berceau, dont on veut faire des allées ou des cabinets couverts, lorsque, pour cet usage, on préfére la vigne au Charme, à l'If & au Tilleul.

I l faut alors qu'un des bouts du berceau regarde le Midi, & l'autre le Nord, afin que ses côtés puissent se trouver, dans toute leur

longueur, l'un au Levant, l'autre au Cou‐
chant, & profiter au moins, pendant la moi‐
tié de la journée, de l'aſpect & des rayons
du ſoleil.

Sɪ les bouts du berceau étoient tournés
au Levant & au Couchant, celui de ſes
côtés qui regarderoit le Nord, ne porteroit
que des raiſins fades, qui ne pourroient même
parvenir à une parfaite maturité.

CHAPITRE DIXIÉME.

Des Rapés.

ON peut faire trois fortes de Rapés. La première de grains feuls, dont on emplit, à moitié, ou au plus aux deux tiers, un poinçon qu'on acheve de remplir de Vin. Quelques-uns y mettent la grape avec le grain; & ils font très-mal, car leur Vin fent toujours la grape.

LA feconde efpéce fe fait de copeaux & de grains enfemble. On met les copeaux dans un poinçon, avant de l'enfoncer. On met enfuite par la bonde trois à quatre hotées de grains, & on le remplit de Vin.

ON doit choifir, pour faire ces Rapés, l'efpéce de raifins qui a, par fa nature, plus de force & de couleur. Et par cette raifon, il faut préférer le Samoireau, quand on en peut avoir.

CES deux efpéces de Rapé n'ont guères lieu que pour le Vignoble. On fait paffer deſſus dès Baiſſières, ou des Vins foibles, qui menacent de ſe gâter. Ces Rapés les rétabliſſent, & les rendent potables.

ON s'en ſert encore pour boire toujours du vin égal, quand on en a de pluſieurs ſortes dans ſa cave; faiſant paſſer un poinçon, ou pour le mieux encore, un quart de chaque eſpéce alternativement ſur ſon Rapé.

LES fûts, que l'on deſtine à cet uſage, doivent être de bois bien choiſi, fortement barrés & garnis de deux ſommiers ſur chaque bout, parce qu'une fois deſcendus dans la cave, ils ne doivent plus être remüés. Ils auroient trop de peine à s'éclaircir.

ON peut s'en ſervir environ trois mois après la vendange. On en tire d'abord cinquante à ſoixante pintes de vin, qu'on remplace par celui qu'on veut faire paſſer deſſus. Dès qu'on l'a mis en perce pour ſon uſage habituel, il faut le remplir exactement, au moins tous les huit jours. Sans cela, les copeaux les plus près de la bonde, viendroient à ſécher & quelquefois à moiſir. Ce qui gâteroit le Rapé.

I l se fait une troisième espéce de Rapé, avec les copeaux seuls. Ce sont les Marchands de vin qui les demandent quelquefois à ceux dont ils retiennent le vin, avant la vendange.

C e s Rapés servent principalement aux Marchands de vin de Paris, pour donner de la force & de la couleur aux vins du Pays-françois, qui manquent de l'une & de l'autre. Ce qui leur en facilite le débit.

C e s Rapés sont ordinairement préjudiciables au vendeur. Le premier dommage qu'ils lui causent, est la perte du vin qu'ils occasionnent, par la violence avec laquelle ils boüillent. Car outre que la résistance du copeau en irrite le boüillon, il est encore excité par le feu de l'eau-de-vie dont on abreuve le copeau, avant de les emplir de vin, pour lui donner plus de force.

L e second dommage provient de la grosseur des fûts que les Marchands donnent pour faire ces Rapés. Il est vrai qu'ils les payent sur le pied d'un demi-quart de plus que le poinçon, qui est cinquante pintes. Mais on ne peut jamais s'assurer, s'ils ne contiennent pas plus. On ne peut le connoître par la velte, que les copeaux empêchent d'y entrer. On ne le peut pas plus par la chaîne, qui n'eſt faite que pour les poinçons & les quarts ; n'y en ayant point pour des fûts plus gros. Or les Marchands ne doivent pas être préſumés riſquer de ſe tromper à leur préjudice, & s'il s'en trouve, il doit être cenſé tomber plutôt ſur le vendeur,

Ajoutés à cela que le copeau rejettant toute la lie, elle eſt néceſſairement remplacée par du vin clair. Ce qui cauſe un nouveau dommage de douze à quinze pintes par chaque Rapé.

Tous ces inconvenients joints aux ſoins continuels que ces Rapés exigent pendant leur boüillon, en ont tellement dégoûté, que très-peu de Particuliers conſentent à s'en charger.

CHAPITRE ONZIÈME.

De la Vente du Vin.

IL eſt ordinairement plus avantageux de vendre ſon Vin dans l'année où on le recueille, que de le garder pour les années ſuivantes, dans l'eſpérance d'une enchère. Ce ſeroit laiſſer le certain pour l'incertain. On y perd plus ſouvent que l'on y profite.

IL faut néanmoins en excepter les années extrêmement abondantes, où le Vin eſt à vil prix. Elles ſont ordinairement ſuivies de récoltes médiocres, la vigne ſe trouvant épuiſée par cette production exceſſive, & l'on vend alors plus avantageuſement. Mais ces années abondantes ſont très-rares.

IL eſt encore avantageux de vendre, chaque année, après la récolte. C'eſt ordinairement dans ce tems que le Vin eſt recherché. Or une marchandiſe recherchée eſt toujours mieux vendue, que lorſqu'on va l'offrir à la vente. Auſſi le Proverbe dit-il

qu'il

qu'il faut vendre *dans le Feu* ; c'eft-à-dire, quand les Marchands s'empreffent d'acheter.

Plus l'on tarde à vendre, plus il en coûte de vin, pour entretenir les fûts pleins, fans compter ce qui s'en perd, par les défauts des fûts ; & de plus, quand on n'a pas de cave en Campagne, on eft obligé de faire venir fon Vin en Ville, pour le plutard, au mois de Mai, pour ne le pas laiffer expofé aux chaleurs de l'Été. Il faut en payer les droits, la voiture, &c. Et malgré cela, on ne le vend pas plus cher en Ville, qu'en Campagne ; parce qu'il n'en coûte pas plus au Marchand, pour le faire enlever en Campagne, qu'en Ville.

Vendre, fans convenir de prix, c'eft s'expofer à des conteftations. Quelqu'un de vos Voifins, par facilité de naturel, ou par befoin d'argent, vendra à bas prix, & fera loi pour vous.

Vendre au prix de fes Voifins, c'eft à peu près comme vendre fans prix. Vous vendés au prix de votre voifin. Votre voifin vend au votre. Il n'y a point de prix fait, ni pour lui, ni pour vous.

N

VENDRE au prix du plus cher, n'eſt pas ſûr. En cas de conteſtation, la Juſtice vous fixe ordinairement au prix mitoyen. Un de vos voiſins a vendu trente écus, & un autre vingt. Elle vous fixe à vingt-cinq.

LE parti le plus ſûr eſt de convenir de prix avec un Marchand, & d'écrire ſur ſon Journal toutes les conditions du marché, que l'on fait avec lui. Un Journal en régle fait foi en Juſtice.

IL vaut mieux vendre à un prix inférieur, & vendre à un Marchand riche.

LE tems de recevoir le Vin vendu peu après la vendange, eſt la Saint Martin. C'eſt la régle générale. Quand on vend après la Saint Martin, il faut convenir avec ſon Marchand du tems, où il ſera tenu de le recevoir.

IL faut ſe garder de ne faire recevoir ſon Vin par le Marchand, qu'à meſure qu'il l'enleve. Car l'enlevant une charretée après l'autre, chaque fois que l'on en charge une, il s'en fait une conſommation conſidérable, par les Tonneliers, les Charretiers, & les

Vignerons, & toujours aux dépens du vendeur. Le Marchand doit recevoir le tout
en même tems. Quand il l'a reçu, il eſt ſur
ſes charges, & c'eſt à lui d'y veiller. Pour
cela, on lui remet en main la clef de ſa
grange.

Q U E L Q U E confiance que l'on ait en
ſon Vigneron, on ne doit jamais lui laiſſer
la clef de ſa grange, dans l'intervale de la
vendange à la vente. Les Marchands, dont
il n'eſt pas connu, ne compteroient pas
également ſur ſa probité.

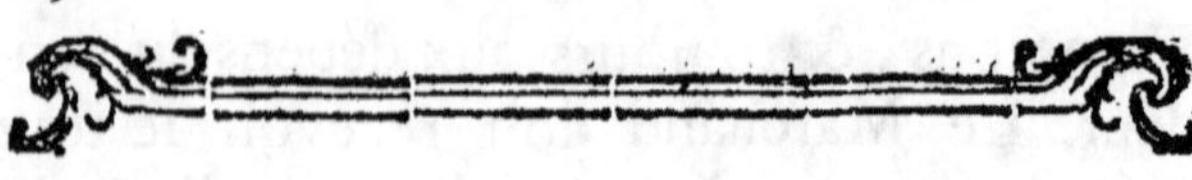

CHAPITRE DOUZIÈME.

Des Précautions nécessaires pour la Conservation du Vin.

LA fermentation continuelle du vin dissipe ses esprits. De-là, il commence par s'affoiblir, & enfin se corrompt.

Tout ce qui augmente cette fermentation accélère sa ruïne. Tout ce qui la modére prolonge sa conservation. D'où il suit que la chaleur lui est contraire, & la fraîcheur favorable. Ce qui d'ailleurs est démontré par l'expérience.

Les précautions à prendre pour la conservation du Vin doivent donc être relatives à ce principe indubitable, & universellement reconnu.

C'est pour cela qu'on le descend dans les caves. Ce qui contribue le plus à l'y conserver, c'est que l'air non seulement y est toujours frais, mais, à très-peu près, toujours dans le même dégré de fraîcheur.

On est tenté de juger le contraire, par les sensations qu'on y éprouve. Mais pour s'en convaincre, il ne faut qu'observer assi‑dûment un Termométre placé, à demeure, dans une bonne cave profonde seulement de dix-huit à vingt pieds, au dessous du sol.

On reconnoitra, par ces observations, 1°. Que le Termométre, en toute saison, y demeure fixé entre le tempéré & la congelation, & ne varie, au plus, dans cet es‑pace, que de sept à huit dégrés. 2°. Que, dans cette variation, il se rapproche de la congelation, lors des grands froids, & du tempéré, dans les grandes chaleurs.

De-la il résulte évidemment que les caves sont réellement plus froides en Hiver, qu'en Été; malgré le préjugé par lequel on se persuade communément que le froid & la chaleur y augmentent, en proportion contraire du froid & du chaud extérieur.

Il est vrai qu'à en juger par l'impres‑sion que l'on y ressent, on doit croire les caves chaudes en Hiver & froides en Été. Mais cette sensation est trompeuse. Elle n'est que relative à celle qu'on éprouvoit avant d'y descendre. On les trouve froides, parce qu'on fort d'un air chaud. On les trouve chaudes , parce qu'on fort d'un air froid.

Puisque l'air eft moins froid, en Hiver , dans les caves qu'au dehors, la méthode eft très-bonne de laiffer le Vin nouveau dans une grange , à rès de chauffée , quand on le peut commodément, pour ne le defcendre qu'à la fin de Mars ; parce qu'il trouve alors, dans la cave , un dégré de fraîcheur , moindre à la vérité , mais du moins , à peu-près égal à celui qu'il quitte , & qu'il ne trouveroit plus au dehors.

Pour conferver la fraîcheur des caves , on ne doit expofer leur entrée & leurs foupiraux qu'au Nord , ou tout au plus à l'Orient ; mais jamais au Midi , ni au couchant. Ces deux derniers afpects leur procureroient un air embrafé , qui détruiroit leur fraîcheur naturelle , & ne manqueroit pas de faire fur le Vin un impreffion dommageable.

* * *

Le fecond obftacle à la confervation du Vin eft l'action de l'air, qui pénétre dans les Poinçons, Feüillettes & autres Fûts , lorfqu'ils ne font pas exactement fermés. Elle augmente fa fermentation naturelle, & le corrompt.

On s'apperçoit aifément de ces effets de l'air, par les fleurs qui fe forment fur la furface du Vin, dans les vaiffeaux d'où l'on en tire journellement, pour fon ufage, & par la diminution de fa force, à mefure qu'on approche du bas du tonneau.

On s'en apperçoit également dans les bouteilles, qu'on a laiffées debout, au lieu de les coucher. Le bouchon de liége, quoique bien frappé, fe féche; en féchant, fe retrécit, & laiffe paffage à l'air, dont l'action y occafionne de même, & ces fleurs & la foibleffe du vin : au lieu que la bouteille étant couchée, le Vin, qui touche au bouchon, l'humecte continuellement, l'empêche de fe retrécir, tient toujours la bouteille exactement clofe, & conferve le Vin dans fa qualité naturelle.

Les bouchons que l'on fcelle avec de la poix font encore plus affurés à cet égard.

Quant aux Poinçons, Feüillettes, &c. la preuve certaine qu'ils font bien bouchés, eſt lorſque, pouſſant du genou le fond du tonneau, on n'entend point l'air ſiffler, à la bonde; & encore, lorſque, le perçant avec une vrille, le Vin refuſe de ſortir, par défaut d'air, qui le preſſe.

P U I S Q U E l'action de l'air ſur le Vin lui eſt nuiſible, il faut donc toujours tenir les fûts pleins, autant qu'il eſt poſſible; & pour cela les remplir, de tems à autre, pour remplacer ce qui s'évapore du Vin, par ſon propre feu, & ce que les fûts eux-mêmes en conſomment, en s'abreuvant. Ce qu'on eſtime, dans chacun, une pinte, par mois.

M A I S ce qu'il faut ſurtout exactement obſerver, eſt de ne pas remplir le Vin avec d'autre, ou plus foible de qualité, ou plus vieux; mais, ou du même, ou pour le mieux encore, de plus ferme & de plus nouveau, pour le ſoutenir & l'aſſurer.

I L faut ajouter à ces précautions, de tenir les caves nettes de toute ordure, & éloignées de toute odeur, qui puiſſe en corrompre l'air.

Fin du Manuel du Cultivateur.

TABLE
DES CHAPITRES
ET ARTICLES
CONTENUS EN CE LIVRE.

PREMIÈRE PARTIE.
De la Plantation de la Vigne.

SECONDE PARTIE.

De la Culture de la Vigne.

TROISIÈME PARTIE.

Des Accidents qui surviennent à la Vigne, de ses Maladies, des Insectes qui l'endommagent, &c.

QUATRIÈME PARTIE.

De la Vendange.

APPROBATION.

J'AI lu par ordre de Monseigneur le Chancelier, un Manuscrit qui a pour Titre, *le Manuel du Cultivateur dans le Vignoble d'Orleans.* A Paris, ce 18 Février 1770.

MOREAU.

PRIVILÉGE DU ROY.

LOUIS, par la grace de Dieu, Roi de France & de Navarre, à nos amés & féaux Conseillers, les gens tenans nos Cours de Parlement, Maîtres des Requêtes ordinaires de notre Hôtel, Grand Conseil, Prévôt de Paris, Baillifs, Sénéchaux, leurs Lieutenants civils, & autres nos Justiciers qu'il appartiendra ; SALUT. Notre amé JACQUES - PHILIPPE JACOB, Libraire à Orleans, Nous a fait exposer qu'il désireroit faire imprimer & donner au Public un Ouvrage qui a pour titre, *le Manuel du Cultivateur dans le Vignoble d'Orleans, &c.* s'il nous plaisoit lui accorder nos Lettres de Privilége pour ce nécessaires. A CES CAUSES, voulant favorablement traiter l'Exposant, Nous lui avons permis & permettons par ces Présentes, de faire imprimer ledit Ouvrage autant de fois que bon lui semblera, le vendre, faire vendre & débiter par tout notre Royaume pendant le tems de six années consécutives, à compter du jour de la date des Présentes. Faisons défenses à tous Imprimeurs, Libraires, & autres Personnes, de quelque qualité & condition qu'elles soient, d'en introduire d'impression étrangère dans aucun lieu de notre obéissance ; comme aussi d'imprimer ou faire imprimer, vendre, faire vendre, débiter, ni contrefaire ledit Ouvrage, ni d'en faire aucun extrait, sous quelque

prétexte que ce puiſſe être, ſans la permiſſion expreſſe & par
écrit dudit Expoſant, ou de ceux qui auront droit de lui,
à peine de confiſcation des Exemplaires contrefaits, de trois
mille d'amende contre chacun des contrevenants, dont un
tiers à Nous, un tiers à l'Hôtel-Dieu de Paris, & l'autre
tiers audit Expoſant, ou à celui qui aura droit de lui, &
de tous dépens, dommages & intérêts : à la charge que ces
Préſentes ſeront enregiſtrées tout au long ſur le Regiſtre de
la Communauté des Imprimeurs & Libraires de Paris, dans
trois mois de la date d'icelles ; que l'impreſſion dudit Ouvrage ſera faite dans notre Royaume, & non ailleurs, en
beau papier & beaux caractères, conformément aux Régie-
ments de la Librairie, & notamment à celui du 10 Avril
1725 ; à peine de déchéance du préſent Privilége ; qu'avant
de l'expoſer en vente, le Manuſcrit qui aura ſervi de copie
à l'impreſſion dudit Ouvrage, ſera remis dans le même état
où l'Approbation y aura été donnée, ès mains de notre
très-cher & féal Chevalier, Chancelier Garde des Seaux de
France, le Sieur De Maupeou, qu'il en ſera enſuite remis
deux Exemplaires dans notre Bibliothéque publique, un dans
celle de notre Château du Louvre, & un dans celle dudit
Sieur de Maupeou ; le tout à peine de nullité des Préſentes.
Du conteau deſquelles vous mandons & enjoignons de faire
joüir ledit Expoſant & ſes ayant cauſe, &c. Voulons que la
copie des Préſentes qui ſera imprimée tout au long au commencement ou à la fin dudit Ouvrage ſoit tenue pour due-
ment ſignifiée, & qu'aux copies collationnées par l'un de
nos amés & feaux Conſeillers, Sécrétaires, foi ſoit ajoutée
comme à l'Original. Commandons au premier notre Huiſſier
ou Sergent ſur cerequis, de faire pour l'exécution d'icelles,
tous actes requis & néceſſaires, ſans demander autre permiſſion, & nonobſtant clameur de Haro, Charte, Normande
& Lettres à ce contraires : Car tel eſt notre plaiſir. Donné
à Paris, le neuf Mai mil ſept cens ſoixante-dix, & de notre
Régne le cinquante-cinquième. Par le Roi en ſon Conſeil.

LEBEGUE.

*Regiſtré ſur le Regiſtre XVIII de la Chambre Royale &
& Syndicale des Libraires & Imprimeurs de Paris, N.° 1076
conformément au Réglement de 1723. A Paris, ce 3 Juillet
1770. P. Fr. DIDOT le Jeune, Adjoint.*